Ute Flockenhaus

30 Minuten

Gute Briefings

Bibliografische Information der Deutschen Nationalbibliothek

Die Deutsche Nationalbibliothek verzeichnet diese Publikation in der Deutschen Nationalbibliografie; detaillierte bibliografische Daten sind im Internet über http://dnb.d-nb.de abrufbar.

Umschlaggestaltung: die imprimatur, Hainburg
Umschlagkonzept: Martin Zech Design, Bremen
Lektorat: Eva Gößwein, Berlin
Satz: Zerosoft, Timisoara (Rumänien)
Druck und Verarbeitung: Salzland Druck, Staßfurt

Hinweis:
Das Buch ist sorgfältig erarbeitet worden. Dennoch erfolgen alle Angaben ohne Gewähr. Weder Autorin noch Verlag können für eventuelle Nachteile oder Schäden, die aus den im Buch gemachten Hinweisen resultieren, eine Haftung übernehmen.

Printed in Germany

ISBN 978-3-86936-742-2

In 30 Minuten wissen Sie mehr!

Dieses Buch ist so konzipiert, dass Sie in kurzer Zeit prägnante und fundierte Informationen aufnehmen können. Mithilfe eines Leitsystems werden Sie durch das Buch geführt. Es erlaubt Ihnen, innerhalb Ihres persönlichen Zeitkontingents (von 10 bis 30 Minuten) das Wesentliche zu erfassen.

Kurze Lesezeit

In 30 Minuten können Sie das ganze Buch lesen. Wenn Sie weniger Zeit haben, lesen Sie gezielt nur die Stellen, die für Sie wichtige Informationen beinhalten.

- Alle wichtigen Informationen sind blau gedruckt.

- Schlüsselfragen mit Seitenverweisen zu Beginn eines jeden Kapitels erlauben eine schnelle Orientierung: Sie blättern direkt auf die Seite, die Ihre Wissenslücke schließt.

- *Zahlreiche Zusammenfassungen innerhalb der Kapitel erlauben das schnelle Querlesen.*

- Ein Fast Reader am Ende des Buches fasst alle wichtigen Aspekte zusammen.

- Ein Register erleichtert das Nachschlagen.

Inhalt

Vorwort

Gut gebrieft ist halb gewonnen. Allerdings trifft auch das Gegenteil zu, denn ein schlechtes Briefing kann nicht zu einem guten oder hervorragenden Ergebnis führen. Es sei denn, derjenige, der den Auftrag ausführen soll, ist Gedankenleser. Aber davon wollen wir im Folgenden nicht ausgehen.

Gute Briefings sind rar, obgleich es im Grunde reicht, ein paar einfache Regeln zu beherzigen. Die Krux liegt jedoch häufig woanders: Die Ursache von schlechten Briefings ist in vielen Fällen, dass mit dem Briefing nicht nur ein Job delegiert wird, sondern auch das Denken. Der Marketingchef, der einen Grafiker mit einer Firmenjubiläumsbroschüre beauftragt, erwartet dann etwa nicht nur gestalterische Arbeit, sondern überlässt es dem armen Grafiker auch, sich zu überlegen, welche Fotos für die Broschüre wichtig sind und welche Gesamtdarstellung man erreichen möchte. Schließlich ist der Grafiker ja der Kreative, nicht man selbst.

Solche und ähnliche Beispiele sind klare Fälle von schlechten Briefings. Die Folge: Der Grafiker dreht zig Gestaltungsrunden, um herauszufinden, was der Auftraggeber eigentlich will, und der Auftraggeber wird in seinen überhöhten Erwartungen enttäuscht.

Was das Auftragsergebnis sein soll und was der Briefingnehmer leisten kann, was nicht – all dies muss zum einen *vor* dem Briefing klar sein und zum anderen auch

klar formuliert werden. Wie das funktioniert, werden Sie im Folgenden erfahren.
Dieses Büchlein wird Ihnen erläutern, wie gute Briefings aussehen und welchen Anforderungen sie genügen sollten, um zu guten Ergebnissen führen zu können. Und es wird aufzeigen, dass es sowohl für denjenigen, der brieft, wie für denjenigen, der gebrieft wird, wichtig ist, zu wissen, was ein gutes und was ein schlechtes Briefing ist.
Schlechte Briefings verbrennen Zeit und Geld, intern im Unternehmen und oftmals auch extern aufseiten von Dienstleistern. Noch gravierender ist, dass am Ende alle Beteiligten verstimmt sind: der Auftraggeber, der zwar ein schlechtes Briefing gegeben hat, sich dessen aber gar nicht bewusst ist, und der Dienstleister, der sich zwar über mangelnden Input geärgert hat, aber dennoch meint, seinen Job so gut wie möglich erledigt zu haben.
Lassen wir die schlechten Briefings hinter uns. Mit den nachfolgenden Tipps und ein bisschen Übung ist das gut zu schaffen. Sehr viel bessere Arbeitsabläufe und bessere Auftragsergebnisse werden nicht nur der Lohn sein, sondern auch Motivation für die nächsten guten Briefings.

Viel Spaß und Erfolg wünscht Ihnen
Ute Flockenhaus

30 MINUTEN

1. Sinn und Zweck von Briefings

Wissen ist wie eine Fahrkarte: Es hat nur Sinn, wenn es genutzt wird. (frei nach Ernst R. Hauschka)

Es ist Freitagabend, Sie kommen nach Hause und freuen sich darauf, die Füße hochzulegen und danach etwas Leckeres zu kochen. Das Dumme ist, dass im Kühlschrank völlige Ebbe herrscht, und so bitten Sie Ihren Sohn, noch rasch etwas einzukaufen. Der schwingt sich auf sein Fahrrad und ist nach dreißig Minuten zurück mit zwei Tüten Chips, einer Tafel Schokolade und zwei Flaschen Coca-Cola. – Ups! So hatten Sie sich das Einkaufsergebnis wahrscheinlich nicht vorgestellt ...
Selbstverständlich wissen wir, dass es beim Einkaufen sinnvoll ist, mit einer Einkaufsliste loszuziehen. Zumal wenn wir das Einkaufen an jemanden delegieren, sollte derjenige wissen, wie wir uns das Endergebnis vorstellen. Nicht viel anders ist es auch im Job. Dennoch hören wir oft: „Machen Sie doch mal eben ...“, „Kümmern Sie sich doch mal kurz ...“. Und das auch gerne mal zwischen Tür und Angel oder im Vorbeigehen auf dem Flur.

1.1 Was ist ein Briefing?

Der Begriff „Briefing“ leitet sich ab aus dem Englischen „brief“ gleich „kurz“ und bezeichnet ein Instrument zur Vermittlung einer – häufig kreativen – Aufgabe an einen Experten. Ebenso wichtig wie die Kürze eines Briefings sind folgende Aspekte:

- Ein Briefing formuliert so präzise und klar wie möglich das angestrebte Ziel.
- Ein Briefing definiert den kreativen Gestaltungsspielraum.
- Ein Briefing liefert alle zur Erledigung der Aufgabe nötigen Informationen.
- Die Kommunikation findet zwischen Briefinggeber und Briefingnehmer statt.

Der Sinn und Zweck von guten Briefings ist es, zu guten Ergebnissen zu führen und zu verhindern, dass unnötig Geld und Zeit verschwendet wird. Nur wenn das Briefing stimmt, kann das Ergebnis stimmen.

Mit einem Briefing beginnt eine Kooperation zwischen Briefinggeber und Briefingnehmer, in deren Verlauf ein gemeinsames Ergebnis erarbeitet wird. Für den Prozess ist es wichtig, dass die Verantwortlichkeiten der beteiligten Personen klar definiert sind und eine personelle Kontinuität gewährleistet ist. Jeder Wechsel der Ansprechpartner oder auch das Hinzuziehen von weiteren Entscheidern in den Prozess verkompliziert die Kommunikation und provoziert Fehler.

Selbstverständlich werden beide Seiten nicht alleine, sondern in Teams arbeiten. Allerdings sollten alle Drittmeinungen der jeweiligen Teammitglieder über die festgelegten Ansprechpartner, also den Briefinggeber und den Briefingnehmer, kommuniziert werden, damit es nicht zu einem heillosen kommunikativen Chaos kommt.

30 *Mit einem Briefing wird eine zumeist kreative Aufgabe an einen Auftragnehmer delegiert. Es muss alle für die Auftragsdurchführung relevanten Informationen enthalten und präzise sein.*

1.2 Briefinggeber und Briefingnehmer

Mit einem Briefing vermittelt ein Briefinggeber schriftlich oder mündlich eine Aufgabe an den Briefingnehmer. Zu briefen bedeutet also zu kommunizieren und erfordert ein hohes gegenseitiges Verständnis.
Um mögliche Missverständnisse oder kommunikative Fallstricke zu vermeiden, empfiehlt es sich für den Briefingnehmer, das Briefing in seinen Worten zu rekapitulieren: *„Habe ich das Briefing richtig verstanden? Sie möchten bis zum 10.10. eine achtseitige Broschüre für den Bereich xy. Das Corporate Design Ihrer Firma soll eingehalten werden und Sie werden mir einen entsprechenden Styleguide bis morgen zukommen lassen ...“*

Im Arbeitsalltag sind lückenhafte Informationen oder das genaue Gegenteil dessen, nämlich unstrukturierte Materialberge, ein häufiger Quell von Ärgernissen und oftmals die Ursache, wieso ein Job nicht bestmöglich erledigt wird. Neben dem richtigen Verständnis der delegierten Aufgabe muss der Briefingnehmer deshalb auch prüfen, ob das Briefing alle für den Job relevanten Informationen in entsprechend nachvollziehbarer Form enthält. Sollte dem nicht so sein, liegt es in seiner Verantwortung, diese einzufordern.

Für Briefingnehmer und Briefinggeber kommt es darauf an, gleich zu Beginn die Weichen richtig zu stellen. Denn je weiter der Prozess fortschreitet, desto schwieriger wird es, eine falsche Weichenstellung zu korrigieren.

1.3 Briefinganlässe

Traditionell kommen Briefings zum Einsatz, wenn klassische Agenturleistungen beauftragt werden: eine Website soll relauncht, eine Broschüre gestaltet, neue Visitenkarten oder Briefbögen sollen gedruckt werden usw. Immer dann, wenn Kompetenz in den Bereichen Grafik, Webdesign, Text, Fotografie oder Film gefordert ist, wendet sich ein Unternehmen an eine Werbe- oder Medienagentur und vergibt Aufträge, deren wesentliche Grundlage ein Briefing ist.

Zunehmend spielen Briefings jedoch auch unternehmensintern eine Rolle. Wenn ein Anschreiben zur neuen Broschüre getextet, wenn eine PowerPoint-Präsentation erstellt oder Give-aways für die nächste Messe organisiert werden sollen, ist die Beauftragung von Agenturen zu aufwendig und zu kostenintensiv. Gerne nutzen Unternehmen dann ihre internen Ressourcen in den Marketingabteilungen. Dies hat den Vorteil, dass viele Vorinformationen bereits vorhanden sind und nicht mehr gebrieft werden müssen. In der Regel wird die unternehmensinterne Abwicklung und die Kommunikation unter Kollegen auch schneller sein.

Ein Briefing ist ein Kommunikationsinstrument, um eine zumeist kreative Aufgabe an einen Experten zu vermitteln. Es muss präzise sein, kreativen Spielraum lassen und alle nötigen Informationen enthalten.
Der Sinn und Zweck von Briefings ist es, zu guten Ergebnissen zu führen und zu verhindern, dass Geld und Zeit verschwendet werden. Nur wenn das Briefing stimmt, kann das Ergebnis stimmen. Briefings richten sich sowohl an externe Dienstleister, zum Beispiel Grafiker oder Werbeagenturen, wie auch an unternehmensinterne Kollegen. Für beide Briefingarten gelten die gleichen Grundregeln.

30 MINUTEN

2. Die Gestaltung eines guten Briefings

Well begun is half won.

Im nächsten Schritt schauen wir uns die wesentlichen Regeln für die Gestaltung von Briefings an. So können wir in Zukunft selbst gute und zielführende Briefings gestalten oder – in der Rolle des Briefingnehmers – darauf achten, dass das Briefing uns die bestmögliche Grundlage für die Erfüllung des Auftrags bietet.
Um die Regeln nicht nur abstrakt und theoretisch zu beschreiben, bedienen wir uns im Folgenden eines Beispiels: Unser Briefing soll sich auf die Gestaltung und Produktion eines Produktkataloges beziehen, den ein Unternehmen an seine Kunden schicken möchte. Mit der Gestaltung und Produktion des Kataloges soll eine Marketingagentur beauftragt werden, mit der das Unternehmen schon mehrfach zusammengearbeitet hat. Wie genau dieser Produktkatalog aussehen soll und welche Ziele das Unternehmen damit verfolgt, muss der Briefingtext verdeutlichen.

2.1 Aufgabe und Zielsetzung

Die Zielsetzung des Briefings beschreibt die wesentlichen Eckdaten und das gewünschte Endergebnis des Briefingprozesses, also die Aufgabe, die ansteht und letztlich erfüllt werden soll. Ein guter und einfacher Einstieg, um das Ziel zu beschreiben, sind die bekannten W-Fragen. Sie sind ein gutes Hilfsmittel, um einerseits so knapp, andererseits so präzise wie möglich das auszudrücken, was die Zielsetzung ausmacht.

1. **Was** ist Gegenstand des Briefings?
2. **Wer** ist an der Aufgabe beteiligt?
3. Bis **wann** soll der Auftrag erledigt sein?
4. **Welches** unternehmerische Ziel soll erreicht werden?

Mit diesen vier W-Fragen lässt sich die Zielsetzung ausreichend beschreiben. Ganz bewusst verzichten wir dabei auf die Frage nach dem Wie, also der Vorgabe, wie die Aufgabe erledigt werden soll. Da sich unser Briefing an kreative Umsetzer richtet, wäre es höchst kontraproduktiv, die Kreativität aufseiten des Briefingnehmers einzuschränken. Zu viele Vorgaben würden das Potenzial der Kreativen beschneiden und wirken zudem meist demotivierend in kreativen Prozessen. Wie ein Job erledigt wird, verbleibt also im Ermessen des Briefingnehmers. Für die Zielformulierung sollten wir also die Wie-Frage tunlichst aus unserem Fragenkanon streichen.

Bevor wir mit der ersten W-Frage beginnen, ist es nicht verkehrt, sich zwei Fallstricke vor Augen zu führen, die unser Briefing von vornherein konterkarieren können. Zum einen sind dies überhöhte, unrealistische Ziele – sei es qualitativ, quantitativ oder hinsichtlich des Timings. Zum anderen gilt es, zu vage Zielvorgaben zu vermeiden. Sie erfordern Rückfragen aufseiten des Briefingnehmers, kosten Zeit und sind schlichtweg unnötig.

Anwendung der W-Fragen im Beispiel

Wenden wir uns mit der ersten W-Frage unserem Beispiel zu. Gegenstand des Briefings ist ein Produktkatalog. Welche Informationen über diesen Produktkatalog benötigt der Briefingnehmer, um den Job angehen zu können? Wie stellt sich der Auftraggeber das Endprodukt vor? Freilich möchte er, dass seine Produkte so überzeugend und positiv dargestellt werden, dass sie beim Kunden Begehrlichkeit wecken, sodass er am besten sofort zum Telefonhörer greift und sie bestellt. Doch so wichtig diese Wirkung beim Kunden auch ist, sie ist nicht Gegenstand des Briefings. Konzentrieren wir uns also zunächst auf das Produkt „Katalog“ und bemühen uns, alle nötigen Informationen strukturiert aufzubereiten. Statt gegenüber dem Briefingnehmer mit der Tür ins Haus zu fallen, gehen wir der Reihe nach vor und schauen, welche wesentlichen Eckdaten das Briefing in knapper und präziser Form aufführen sollte.

1. Was ist Gegenstand des Briefings?

Gegenstand:
Gestaltung und Produktion eines Produktkataloges
Umfang: 40–44 Seiten
Format: DIN A4
Farbigkeit: 4-farbig, mit Fotos und Text
Rücken: gerade (Klebebindung)
Umschlag: aus festerem Material, ggf. mit einer Folienkaschierung veredelt
Auflage: 5000 Exemplare

Wie wir sehen, beinhaltet die Beschreibung des Gegenstands des Briefings sehr präzise Angaben wie „5000 Exemplare", aber auch Informationen, die einen gewissen Spielraum lassen, wie „40–44 Seiten". Wir signalisieren damit, wo wir dem Auftragnehmer Gestaltungsfreiheit zubilligen oder seine Empfehlungen einholen wollen.

2. Wer ist an der Aufgabe beteiligt?

Für Abstimmungsfragen und zur Klärung der Kompetenzen ist es für die Beteiligten wichtig, nicht nur die Projektleiter (PL) aufseiten des Auftraggebers und Auftragnehmers zu kennen, sondern alle Ansprechpartner mitsamt ihren Kontaktdaten.

Kontaktpersonen	Name	Funktion	Tel.-Nr.	E-Mail
PL Auftraggeber	Sabine Meier	Marketing-leitung	030 333333-35	s.meier@ firma.de
PL Auftragnehmer	Tim Krüger	Kontakter	040 444444-47	t.krueger@ firma.de
Auftraggeber	Eva Gerlinger	Geschäfts-führung	030 333333-31	e.gerlinger@ firma.de
Auftraggeber	Sven Masuch	Marketing-assistenz	030 333333-36	s.masuch@ firma.de
Auftragnehmer	Ben Gabor	Grafik-designer	040 444444-49	b.gabor@ firma.de

3. Bis wann soll der Auftrag erledigt sein?

Da der Gegenstand des Jobs sich in unserem Beispiel nicht nur auf die Gestaltung erstreckt, sondern die gesamte Produktion inklusive des Drucks inkludiert, sollte als Enddatum der Zeitpunkt gewählt werden, an dem die Auflage von 5000 Exemplaren der fertigen Broschüre gedruckt zum weiteren Versand im Unternehmen vorliegt.

Termin und Lieferadresse
Liefertermin: 15. Juli 2015 eintreffend
Lieferadresse: Firma, Str., PLZ, Ort

Tipp: Planen Sie Projekte rückwärts, gehen Sie also vom Termin der Fertigstellung aus und rechnen Sie von dort bis in die Gegenwart zurück. Planen Sie Pufferzeiten für unvorhergesehene Verzögerungen ein, denn nichts ist im Projektmanagement so sicher wie zeitliche Verschiebungen – und dies nicht erst seit dem BER oder der Hamburger Elbphilharmonie. Weitere Tipps zur terminlichen Planung finden Sie in Kapitel 3.1.

4. Welches unternehmerische Ziel soll erreicht werden?
Was will das Unternehmen mit der Versendung des Katalogs erreichen? Gibt es ein Minimal- und ein Maximalziel? Gibt es übergeordnete Ziele? Welche Ziele sind wichtig, welche haben weniger Priorität? Je genauer der Briefingnehmer über die intendierten Ziele informiert ist, desto besser.
Bleiben Sie mit Ihrer Zielsetzung realistisch und achten Sie darauf, nicht zu viele Ziele auf einmal zu verfolgen. Besonders im Marketing ist weniger häufig mehr. Zielfokussierung statt Information-Overload sollte die Devise sein.

Ziel des Produktkataloges
- Information und Einführung von 35 neuen Produkten mittels Produktabbildungen und Produktspezifika für die Zielgruppe Endkunden (Minimalziel)
- Kaufanreize für Endkunden schaffen über herausragende Verkaufsargumente und Aktionsangebote (Maximalziel)

Mit den Angaben zu diesen vier W-Fragen zur Zielsetzung des Briefings haben Sie den Gegenstand der Aufgabe prägnant umrissen und die Frage beantwortet: Wer soll was bis wann mit welchem Ergebnis tun?

30 *Die Aufgabe und das Ziel eines Briefings lassen sich mit den vier W-Fragen – Wer? Was? Wann?*

Welches Ziel? – ausreichend beschreiben. Typische Fallstricke, die man dabei meiden sollte, sind unrealistische Ziele oder zu vage Zielvorgaben.

2.2 Vorgaben

Wir haben festgehalten, wie wichtig es ist, die Kreativität in der Umsetzung nicht unbedacht zu beschneiden, und deshalb in unserem Briefing bewusst auf die Frage nach dem Wie verzichtet. Dennoch wird es so sein, dass Sie bestimmte Vorstellungen und Wünsche haben, die in dem Produkt umgesetzt werden sollen. Zum Beispiel hat Ihr Firmenlogo vielleicht einen bestimmten Platz – rechts oben, links unten? –, der in Ihrem Corporate Design definiert ist. Gibt es eine bestimmte Hausschrift, die verwendet werden muss? Wie schaut es mit den Farben aus? Sind die Gestalter frei in der Wahl der Farben oder gibt es eine Farbwelt, die Ihr Unternehmen vorgibt oder präferiert?
Als kleines Unternehmen werden Sie vielleicht nicht über ein definiertes Corporate Design verfügen, das in einem detaillierten Manual festgehalten ist. Umso wichtiger ist es, sich klarzumachen, über welche wesentlichen Vorgaben der Briefingnehmer informiert sein muss. Liegt ein Corporate Design Manual vor, vereinfacht das die Umsetzung von grafischen und textlichen Produkten, da Sie das CD-Manual einfach Ihrem Briefing beilegen können.

Gestalterische Vorgaben für unseren Produktkatalog
- Platzierung des Firmenlogos immer oben rechts
- Logo liegt als Vektorgrafik bei
- Logofarbe Pantone 287 C / CMYK 100C/65M/0Y/7K
- Hausschrift FF Netto

Keine Frage des Geschmacks!

Wichtig bei der Vorgabe von gestalterischen Elementen ist die Trennung von reinen Geschmacksfragen. Entscheidend ist nicht persönliches Gefallen – weder beim Auftraggeber noch -nehmer –, sondern die Funktionalität. Funktioniert der Entwurf oder funktioniert er nicht? Denken wir einmal an Werbespots wie die für Seitenbacher-Müsli oder die Ich-bin-doch-nicht-blöd-Werbung von Media Markt. Wir dürfen davon ausgehen, dass es den Werbeleuten und Auftraggebern dabei nicht darum ging, sympathische oder charmante Spots zu kreieren, sondern darum, dass diese Spots funktionieren, also vom Kunden wahrgenommen und erinnert werden.

Wenn Ihre Hausfarbe zum Beispiel ein bestimmtes Blau ist, sollten Sie die präzisen Farbwerte des Blaus in Ihrem Briefing benennen. Wenn Sie schlichtweg ausdrücken möchten, dass Sie Blau für eine schöne Farbe halten, gehört dies nicht in das Briefing, sondern fällt in den Kompetenzbereich der Gestalter. Diese wissen sehr gut, welche Farben zu Ihren Produkten und Zielgruppen passen, und werden Ihnen eine Farbwelt präsentieren, in der alle Farben aufeinander abgestimmt sind. Die Maxime lautet also: Präzise Gestaltungsvorgaben rein ins Briefing, pure Geschmacksfragen bitte draußen lassen!

Bemusterung

Wenn Sie mit neuen Partnern zusammenarbeiten und alle Gestaltungsfragen mehr oder minder offen sind, kann es eine gute Idee sein, Ihrem Briefing praktische Beispiele von vergleichbaren Produkten beizulegen, also Prospekte, Werbematerialien oder Webseiten, deren Style Ihnen gefällt und zu Ihrem Unternehmen passt. Mit einer solchen Bemusterung springt man nicht gemeinsam ins kalte Wasser, sondern hat schon einmal eine Grundlage, um zu besprechen, wohin die Reise gehen kann. Dies gilt nicht nur für rein grafische Umsetzungen, sondern auch für Texte. Zeigen oder beschreiben Sie, ob eher eine sachliche oder eine emotionale, eine leise oder eine laute Umsetzung besser zu Ihnen und Ihrem Unternehmen passt.

Wichtige Informationen

Welche Informationen sind weiterhin für den Briefingnehmer unabdingbar? Gibt es rechtliche Einschränkungen oder wettbewerbsrelevante Aspekte, die der Briefingnehmer nicht wissen kann, aber wissen sollte? Sind zum Beispiel Produkte aus Ihrem Portfolio markenrechtlich geschützt und sollten stets mit einem Warenzeichen-® versehen sein? Möchten Sie sich in bestimmten Punkten von Ihrem engsten Mitbewerber abgrenzen? Gibt es branchenspezifische Punkte, die bei der Gestaltung eine Rolle spielen?

Rechtliche und wettbewerbsrelevante Vorgaben

- Unser Produkt „Foxi®“ ist eine geschützte Wortmarke und immer mit dem Warenzeichen-® zu kennzeichnen.
- Das Look-and-Feel des Produktkataloges soll sich deutlich von denen unserer Mitbewerber x und y unterscheiden.

Insbesondere wenn der Gegenstand Ihres Briefings nicht zum ersten Mal erstellt, sondern immer wieder in bestimmten zeitlichen Intervallen produziert wird, werden Sie bereits Ihre Erfahrungen mit diversen Dienstleistern wie Druckereien, Fotografen, Fotoagenturen etc. gemacht haben. Sollen diese auch diesmal wieder beauftragt werden oder möchten Sie auf die Kontakte des Briefingnehmers zurückgreifen? Auch diesbezüglich gilt es, über Vorgaben nachzudenken.
In unserem Beispiel hat der Briefingnehmer gute Erfahrungen mit einer Druckerei gemacht und möchte den Katalog auch diesmal wieder dort drucken lassen. Er macht also die Vorgabe:

Vorgabe bzgl. Druck
Druckerei Zucker Druck, Berlin
Ansprechpartner: Martina König und Rolf Ringstein

Haben Sie alle relevanten Vorgaben bedacht und genannt? Scheuen Sie sich nicht, wirklich alle wichtigen Informationen in Ihr Briefing aufzunehmen. Als Maxime sollte gelten: lieber eine Information zu viel als zu wenig. Denn nichts ist für den Gestalter ärgerlicher und demotivierender, als in der ersten Korrekturrunde festzustellen, dass zahlreiche Angaben schlichtweg fehlten und nachträglich eingebaut werden müssen. Manchmal kann das eine zu verschmerzende Nacharbeit sein, manchmal kann es jedoch auch ganze Konzepte zum Kippen bringen. Also besser durch Nachdenken vordenken, statt zu spät mit Informationen hinterherzuhoppeln.

30 *Welche Vorgaben sind für den Briefingnehmer wichtig? Gibt es gestalterische Vorgaben gemäß Ihrem Corporate Design, die der Auftragnehmer berücksichtigen muss? Oder gibt es rechtliche Aspekte, die der Briefingnehmer nicht wissen kann, aber wissen sollte?*

2.3 Definition der Zielgruppe

Mit der Definition der Zielgruppe geben Sie an den Briefingnehmer wichtiges internes Know-how über Ihre Kunden weiter. Niemand kennt Ihre Kunden so gut wie Sie – schon gar nicht ein Grafiker oder Gestalter. Sie kennen den Bedarf, die Wünsche und Vorlieben Ihrer Kunden und sind in ständigem Dialog mit ihnen. Sie wissen, wie sie ticken. Sollte dies nicht der Fall sein, weil Sie sich zum Beispiel neue Zielgruppen erschließen wollen, wird es eine Ihrer strategischen Aufgaben sein, sich ein möglichst genaues Bild dieser potenziellen Neukunden zu verschaffen. Berücksichtigen Sie, dass die Definition einer homogenen Zielgruppe die Grundlage für eine kundenorientierte Ansprache bei all Ihren Marketingaktivitäten ist.

Zielgruppenkriterien

Mit welchen Merkmalen und Kriterien erfassen wir also unsere Zielgruppe am besten? Zur klassischen Definition einer Zielgruppe im B2C-Markt gehören folgende Aspekte:

- demografische Angaben wie Alter, Geschlecht, Wohnort
- sozioökonomische Angaben wie Einkommensklassen, Beruf, Bildungsstand
- psychografische Angaben wie Werte, Einstellungen, ästhetische Vorlieben
- Kaufverhalten wie Markensensibilität, saisonale Spezifika und Preissensibilität

Zur Definition einer Zielgruppe im B2B-Markt gehören die Aspekte:

- organisatorische Kriterien wie Unternehmensgröße und Unternehmensstandort
- ökonomische Kriterien wie Liquidität und Marktanteil

- personenbezogene Kriterien der Entscheidungsträger wie Zeitdruck, Innovationsfreude etc.
- Kaufverhalten wie Lieferantentreue, Kaufzeitpunkt

Spezifische Zielgruppen

Abgesehen von den genannten Kriterien haben sich in den letzten Jahren im Marketing spezifische Zielgruppen mit mehr oder minder wohlklingenden Namen herausgebildet, die im B2C-Markt häufig anvisiert und genutzt werden. Wir wollen Sie hier als eventuelle Anregung nennen.

- WOOF (*Well Off Older Folks*) – gut situierte Senioren
- SOHO (*Small Office Home Office*) – Selbstständige
- DINK (*Double Income No Kids*) – kinderlose Doppelverdiener
- LOHAS (*Lifestyle Of Health And Sustainability*) – gesundheitsbewusste und an Nachhaltigkeit orientierte Personen
- LOVOS (*Lifestyle Of Voluntary Simplicity*) – auf Konsumverzicht und Selbstbestimmung ausgerichtete Personen

Zielgruppenbeschreibung

Wenn die Zielgruppenkriterien bestimmt sind, sollten Sie Ihrer Fantasie freien Lauf lassen und daraus die idealtypische Kundengruppe ableiten und beschreiben. Es kommt hierbei nicht darauf an, alle potenziellen Kunden zu einhundert Prozent zu erfassen, sondern ein möglichst konkretes Bild zu kreieren, das für den Briefingnehmer als Leitlinie dienen kann. Hier ein Beispiel, das Teil eines Briefings sein könnte:

Die Zielgruppe für das Produkt XY umfasst Frauen und Männer im Verhältnis 60:40 in Deutschland, Österreich und der Schweiz im Alter von 18 bis 60 Jahren mit einem verfügbaren Jahreseinkommen ab ca. 40.000 Euro. Die Zielgruppe hat einen relativ hohen Bildungsstand, besteht vorwiegend aus Akademikern und ist in nicht handwerklich geprägten Berufen anzusiedeln. Sie ist medienaffin, zu 50 Prozent in den Social Media aktiv und lebt zu 75 Prozent in Ballungszentren und Städten. Sie ist grundsätzlich innovationsfreudig, ästhetisch durchaus von Trends geprägt, markenorientiert und eher wenig preissensibel.

Mit solch einer Zielgruppenbeschreibung lassen sich im Marketing und in der Gestaltung konkrete Fazits ziehen und eine kundenorientierte Ansprache anvisieren. So wird man zum Beispiel in Anbetracht der oben skizzierten Zielgruppe eine konservative und nüchterne Gestaltung vermeiden und stattdessen moderne Farben und eine hochwertige Anmutung anstreben, um damit dem ästhetischen Grundempfinden dieser Gruppe zu entsprechen. Und die Information bezüglich der Social Media könnte bedeuten, dass man den geplanten Produktkatalog auch online und via Facebook promotet.

Je präziser Sie Ihre Zielgruppe und deren Vorlieben benennen können, desto konkreter können Sie bestimmen, wie Ihre Marketingmaßnahmen aussehen sollten. 30

2.4 Hintergrundinfos

Wir haben mit der konkreten Aufgabenbeschreibung, den nötigen Vorgaben und der Definition der Zielgruppe schon eine Reihe von Informationen zusammengetragen, die ein gutes Briefing enthalten sollte. Welche Informationen sind darüber hinaus hilfreich für den Briefingnehmer und beeinflussen seine Arbeit? Wie ist zum Beispiel die Situation im Unternehmen, die strategische Positionierung und die aktuelle Marktlage? Sowohl Märkte wie Unternehmen sind einem ständigen Wandel unterzogen, der in aller Kürze kommuniziert werden sollte. Leitfragen hierzu könnten sein:

- Wie ist das Unternehmen im Markt positioniert?
- Wie differenziert es sich von den wichtigsten Mitbewerbern?
- Welche strategischen Überlegungen sind für das zu briefende Produkt relevant?
- Welche Konkurrenzprodukte gibt es und wie will man sich abgrenzen?

Im Falle unseres Produktkataloges für Endkunden ergeben sich zudem spannende Hintergrundinfos über den Einsatz des Kataloges. Will man ihn per Post versenden oder auf Messen einsetzen? Geht man davon aus, dass er in Ruhe gelesen wird, oder fungiert er als reine Werbebroschüre? Auch aus solchen Fragen lassen sich für die Gestaltung wichtige Informationen ableiten. So darf ein Katalog, der per Post an Privatadressen versandt und von den Kunden gerne abends in Ruhe durchgeblättert wird, hochwertiger und textlastiger sein als ein Werbeflyer, der der Tageszeitung beigelegt und morgens in aller Eile flüchtig überflogen wird.

> **Tipp:** Selbstverständlich ist es auch über ein Briefing hinaus wichtig, sich sehr genau anzuschauen und zu überlegen, wie die Marktsituation, in der Sie agieren, aussieht und welche Position das eigene Unternehmen in diesem Markt und beim Kunden einnimmt.

Mit den vier W-Fragen lässt sich die Zielsetzung eines Briefings gut beschreiben: Wer soll was bis wann mit welchem Ergebnis tun?
Welche wesentlichen Informationen und Vorgaben sind für den Briefingnehmer weiterhin unabdingbar? Gibt es Gestaltungselemente wie Logos oder Hausfarben? Oder rechtliche Einschränkungen und wettbewerbsrelevante Aspekte wie Markenhinweise?
Jedes Produkt ist für eine bestimmte Zielgruppe gedacht. Wenn Sie ein möglichst konkretes und anschauliches Bild Ihrer Zielgruppe skizzieren,

lassen sich daraus wichtige Schlüsse für die Gestaltung ziehen.
Last, but not least sollten Sie auch mit wichtigen strategischen Hintergrundinformationen nicht hinterm Berg halten. Hierzu gehören Angaben zum Wettbewerb ebenso wie zur eigenen Position im Markt.

30 MINUTEN

3. Zeitplanung und Budget

Unmögliches wird sofort erledigt.
Wunder brauchen etwas länger. (Büroweisheit)

„Wann soll das Projekt fertig sein und was darf es kosten?", fragt uns eine gute Fee. Was würden wir antworten? Der Tenor wäre wahrscheinlich: am liebsten gestern und so wenig wie möglich. Denn Zeit ist Geld, und je mehr wir einsparen können und je schneller wir sind, desto besser. Klingt logisch und ist in unserer schnelllebigen Zeit mehr als verständlich. Und gang und gäbe ist dieses Effizienzdenken heutzutage ohnehin. Aber stimmt das wirklich? Ist es sinnvoll, die Geschwindigkeit von Prozessen so weit wie möglich zu erhöhen? Trägt die Prämisse, dass Zeit Geld ist? Wie schaut es aus mit den Risiken, die durch eine Maximierung der Geschwindigkeit auftreten können? Haben wir sie im Blick? Und ist es nicht so, dass Zeit nur dann Geld bedeutet, wenn die Leistung nach Zeiteinheiten bezahlt wird? Lassen Sie uns die Aspekte Zeitplanung und Budget ein wenig genauer unter die Lupe nehmen.

3.1 Arbeitsschritte terminieren

Wenn wir wissen möchten, wie lange unser Projekt dauern wird, d. h. wie viel Zeit es vom Projektstart bis zur Lieferung benötigt, müssen wir zunächst die einzelnen Arbeitsschritte kennen und diese unter terminlichen Gesichtspunkten beurteilen. Dies setzt voraus, dass wir uns produktionstechnisch ein wenig auskennen oder, wenn wir dieses Know-how nicht haben, uns diesbezüglich schlaumachen. Würden wir zum ersten Mal ein Haus bauen, würden wir kaum alle Gewerke benennen und deren zeitlichen Aufwand beurteilen können? Nein, wir würden selbstverständlich einen Architekten zurate ziehen oder die Planung gleich gänzlich diesem übertragen.

Arbeitsschritte erfassen

Nutzen wir zur Veranschaulichung wieder unser Beispiel des Produktkataloges. Welche Arbeitsschritte können wir festmachen? Mit Sicherheit wird der Katalog gedruckt und zuvor gestaltet werden müssen. Gestaltet werden kann jedoch nur, was vorliegt. Welche Abbildungen und Texte sind also notwendig und wer liefert sie? Wann erfolgt das Briefing und wann liegen das erste Gestaltungskonzept oder Musterseiten vor? Wie schnell können hausinterne Abstimmungen erfolgen? Wo sind zum Beispiel urlaubsbedingt oder durch anderweitige Termine wie Messen oder Schulferien Engpässe zu erwarten? Wie lange dauert eine Korrekturphase und zu welchem Zeitpunkt ist sie sinnvoll?

Da jedes Projekt es an sich hat, mehr Zeit in Anspruch zu nehmen als ursprünglich geplant, können wir die Arbeitsschritte gar nicht fein genug untergliedern. Jeder Schritt beansprucht Zeit, und jeder noch so kleine Arbeitsschritt, den wir nicht in unserer Zeitplanung berücksichtigen, bringt unsere Termine ins Wanken.

Tipp: Um möglichst alle Arbeitsschritte eines Jobs zu erfassen, beginnen wir am besten bei den großen To-dos und arbeiten uns anschließend zu den kleineren Schritten vor. Hilfreich für eine solche Sammlung ist ein Mind-Map. Die Baumstruktur dieses Tools erlaubt genau die Arbeitsweise, die wir anstreben – vom Allgemeinen zum Besonderen –, und lässt uns unbegrenzt weitere Arbeitsschritte einfügen.

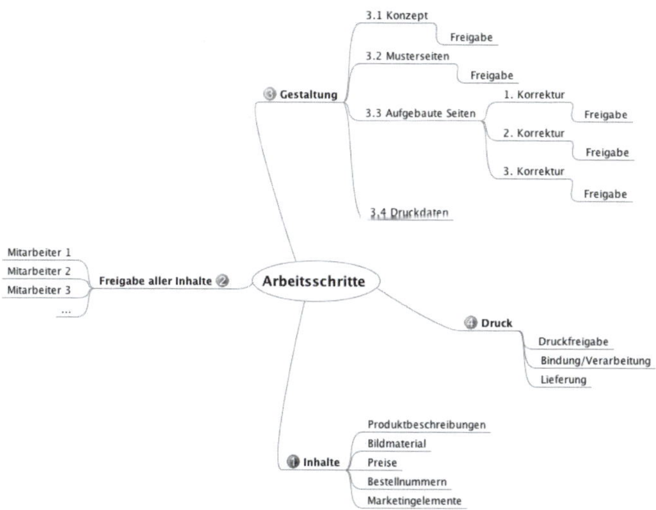

Reihenfolge festlegen

Wenn wir alle Arbeitsschritte erfasst haben, können wir diese mithilfe des Mind-Maps in eine zeitliche Reihenfolge bringen, indem wir jeden Step gemäß der Rangfolge beziffern.

Verantwortlichkeiten und Dauer zuordnen

Im nächsten Schritt ordnen wir den Arbeitsschritten die Verantwortlichkeiten und die angenommene Dauer des jeweiligen Jobs zu. Da wir unsere Zeitplanung im Briefinggespräch mit dem Briefingnehmer besprechen und gegebenenfalls nachjustieren, können wir die Dauer der Arbeitsschritte auf Basis unserer Erfahrungen abschätzen oder Experten zurate ziehen.

Grundsätzlich gibt es zwei Möglichkeiten der terminlichen Planung:

1. Sollte unser Projekt einen fixen Endtermin haben, sagen wir eine Messe oder ein Firmenevent, ist es sinnvoll, die Arbeitsschritte von diesem Endtermin her zu planen. Als Ergebnis erhalten wir den spätestmöglichen Starttermin für unser Projekt. In unserem Beispiel Produktkatalog, der einen fixen Endtermin am 15. Juli 2016 hat, ist dies der 12. April 2016.
2. Wenn es beim Endtermin nicht so genau drauf ankommt, ob dieser einen Monat früher oder später liegt, können wir unsere Arbeitsschritte auch von einem beliebigen Starttermin aus planen und erhalten als Ergebnis den frühestmöglichen Endtermin unseres Projektes.

Zeitplanung für die Gestaltung und Produktion eines Produktkataloges, 40–44 Seiten, A4, 4c, 5000 Ex.			
Arbeitsschritt	**Wer?**	**Dauer/von ... bis**	**Endtermin**
Inhalte erstellen - Produktbeschreibungen - Bildmaterial - Preise - Bestellnummern - Marketingelemente	Auftraggeber/PL	4 W/11.03.–12.04.* *Feiertage eingerechnet	12.04.2016
Freigabe und ggf. Ergänzung der Inhalte	Auftraggeber/ MA 1, 2, 3	4 T/13.–16.04.	16.04.2016
Konzept erstellen auf Basis des Briefings	Auftragnehmer	3 T/17.–21.04.	21.04.2016
Freigabe Konzept	Auftraggeber	1 T/22.04.	22.04.2016
Musterseiten erstellen	Auftragnehmer	3 T/23.–27.05.	27.05.2016
Freigabe Musterseiten	Auftraggeber	2 T/28.–29.05.	29.05.2016
Seitengestaltung	Auftragnehmer	3 W/30.04.–22.05.* *Feiertage eingerechnet	22.05.2016
1. Korrektur der aufgebauten Seiten	Auftraggeber	3 T/26.–28.05.	28.05.2016
Umsetzung 1. Korrektur	Auftragnehmer	1 W/29.05.–05.06.* *Feiertag eingerechnet	05.06.2016
2. Korrektur der aufgebauten Seiten	Auftraggeber	2 T/08.–09.06.	09.06.2016
Umsetzung 2. Korrektur	Auftragnehmer	3 T/10.–12.06.	12.06.2016
3. Korrektur der aufgebauten Seiten und Freigabe	Auftraggeber	2 T/15.–16.06.	16.06.2016
Druckdaten erstellen	Auftragnehmer	3 T/17.–19.06.	19.06.2016
Anlieferung der Daten an Druckerei	Auftragnehmer	1 T/22.06.	22.06.2016
Prüfung der Druckdaten	Druckerei	1 T/24.06.	24.06.2016

Freigabe der Daten für den Druck	Auftraggeber und Auftragnehmer	2 T/25.–26.06.	26.06.2016
Druck und Verarbeitung	Druckerei	2 W/29.06.–10.07	13.07.2016
Anlieferung Firma	Spedition	2 T/14.–15.07.	15.07.2016

Projektdauer berechnen

Bei der zeitlichen Planung aller relevanten Arbeitsschritte haben wir ein erstes Gefühl für die Gesamtdauer unseres Projektes bekommen. Die Gesamtdauer haben wir richtig berechnet, wenn alle nötigen Arbeitsschritte erfasst sind und zeitlich weder zu großzügig noch zu knapp bemessen wurden.

Projektdauer = Anzahl der Arbeitsschritte x Durchführungszeit

Mit dieser Formel haben wir ein solides Grundgerüst für die Berechnung der Projektdauer. Die Kür jedoch absolvieren wir erst, wenn wir die Formel um einen weiteren Summanden ergänzen.

Projektdauer = Anzahl der Arbeitsschritte x Durchführungszeit + Pufferzeiten

Pufferzeiten sind der Erfahrung geschuldet, dass erstens immer alles anders kommt und zweitens, als man denkt. Meiner Ansicht nach sind sie das entscheidende i-Tüpfelchen jeglicher Zeitplanung und so etwas wie der später noch erwähnte Faktor „plus S“ im Ingenieurwesen (vgl. Kapitel 4.4). Pufferzeiten wirken jedoch nur dann als zeitlicher Notnagel, wenn sie nicht Teil der offiziellen Zeitplanung sind, also niemand von ihnen weiß. Weshalb diese etwas geheimnistuerische Vorgehensweise sinnvoll ist, werden wir im Abschnitt 3.3 erklären. Für den Moment soll einmal genügen, dass wir Pufferzeiten in unsere offizielle Zeitplanung zwar nicht einfügen, aber als guter Projektleiter - sowohl aufseiten des Auftraggebers wie des Auftragnehmers - in alle Arbeitsschritte einkalkuliert haben.

Um ein Projekt realistisch planen zu können, müssen Sie alle Arbeitsschritte kennen, diese einzeln terminieren und den Verantwortlichen zuschreiben. Wenn Sie für jeden Arbeitsschritt zudem Pufferzeiten (heimlich) mit einrechnen, werden Sie den festgelegten Zeitplan problemlos einhalten.

3.2 Budget kalkulieren

Wie schnell laufen Kosten aus dem Ruder! Das wissen wir nicht erst seit den alljährlichen Kostenkorrekturen für Großprojekte wie die Elbphilharmonie und den Flughafen BER. Auch im privaten Bereich können wir bei unseren Urlaubsbudgets oder Renovierungskosten in den meisten Fällen eher Wachstumstendenzen denn

„Schrumpfung" feststellen. Verwunderlich ist das nicht, denn Geld gibt sich halt sehr viel leichter aus, als es sich einsparen lässt. Besser also, wir haben die anstehenden Kosten im Blick, um uns vor unliebsamen Überraschungen zu wappnen.

Im Unternehmenskontext helfen uns Budgets jedoch nicht nur dabei, unerwünschte Kostenexplosionen zu vermeiden, sondern sind in vielerlei Hinsicht wichtig:

- Budgets bilden die Grundlage für die operative Unternehmensplanung.
- Budgets dienen zur Begrenzung und Kontrolle von Kosten.
- Budgets definieren Kosten und tragen zur Kostentransparenz bei.
- Budgets bilden die Summe aller Einzelmaßnahmen eines Projektes.

Kurz: Ohne Budget kein Plan, keine Transparenz und höhere Kosten – so als würden wir im Sichtflug den Atlantik überqueren. Das kann klappen und man erreicht irgendwann den amerikanischen Kontinent. Aber die Wahrscheinlichkeit ist nicht besonders hoch. Es lohnt sich also in jedem Fall, sich die Mühe zu machen und ein wenig Zeit in die Kalkulation unseres Budgets zu investieren.

Der richtige Zeitpunkt

Eine spannende Frage ist auch, wann der richtige Zeitpunkt gekommen ist, um uns um das Budget zu küm-

mern. Oft geben uns Führungskräfte oder Vorgesetzte Budgets vor, lange bevor wir den Auftrag für die entsprechenden Projekte erhalten haben. Das ist in Anbetracht von betriebswirtschaftlicher Planung zwar in Ordnung, aber nur dann, wenn das Budget realistisch und hinsichtlich der gewünschten Ergebnisse stimmig ist. Ein kleines Budget für ein großes Projekt ist in aller Regel schwierig. Ebenso wie ein unterkalkulierter Zeitplan sich in den meisten Fällen in Qualitätseinbußen niederschlägt, gilt dies auch auf der Kostenseite.
Ein guter Zeitpunkt für die Budgetierung ist dann gekommen, wenn das Konzept unseres Projektes steht und wir ermessen können, welche Kosten für die Realisierung anfallen werden. Unser detaillierter Zeitplan mit allen Arbeitsschritten (siehe Kap. 3.1) hilft uns dabei, denn jeder Arbeitsschritt verursacht Arbeits- und ggf. auch Materialkosten.

Kostenarten erfassen

Um in unserem Budget alle Einzelmaßnahmen zu erfassen, bietet sich wiederum ein Mind-Map an, das uns ausgehend vom Allgemeinen (den Kostenarten) zum Besonderen (Einzelkosten) führt. In Anlehnung an die Übersicht „Kostenarten bei Kommunikationsdienstleistungen", die erstmals und dankenswerterweise von Back/Beuttler erstellt wurde, sind in dem folgenden Mind-Map die wichtigsten Kostenarten für Kommunikationsprojekte aufgeführt und bieten uns eine gute Orientierung für die Erstellung unseres eigenen Budgets.

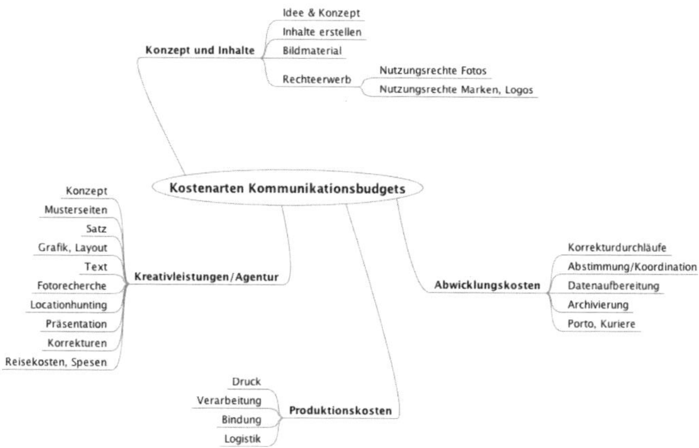

Übertragen auf unser Beispiel „Produktkatalog“ sind folgende Kostenarten relevant und sollten in unserem Budget enthalten sein. Wir sparen uns an dieser Stelle konkrete Euro-Angaben, da diese dazu verleiten könnten, ein ähnliches Projekt an diesen Kosten zu messen – ungeachtet relevanter Unterschiede der Projekte. Wir gehen jedoch später auf Faktoren ein, die generell kostentreibend bzw. kostensenkend für Kommunikationsprojekte sind.

Budgetplanung für die Gestaltung und Produktion eines Produktkataloges, 40–44 Seiten, A4, 4c, 5000 Ex.

1. **Konzept und Inhalte**
   Idee & Konzept entwickeln
   Inhalte und Daten erstellen
   Bildmaterial zusammensuchen
   Logos bereitstellen

Da sowohl Produktfotos wie Produktdatenblätter für unseren Katalog bereits vorliegen und nicht erst erstellt oder eingekauft werden müssen und die Rechte an den Logos ebenfalls im Unternehmen liegen, fallen für das Budget in dieser Kostenart nur Arbeitsstunden an. In unserer Zeitplanung (siehe Kapitel 3.1) kalkulieren wir für diesen Arbeitsschritt eine Zeitdauer von vier Wochen. Dies bedeutet für die Kostenseite jedoch nicht, dass wir mit 20 vollen Arbeitstagen und 160 Mitarbeiterstunden kalkulieren müssen, denn der oder die Mitarbeiter werden nicht ausschließlich an diesem einen Projekt arbeiten, sondern die Projektarbeit in ihr tägliches Tun integrieren. Wir unterscheiden also die Zeitdauer aufseiten der Zeitplanung von der tatsächlichen Arbeitszeit, die direkt dem Projekt zugeordnet werden kann und weit unter der projektierten Zeitdauer liegt. Am ehesten lässt sich dieser Wert anhand von Erfahrungswerten bestimmen.

2. Kreativleistungen
Konzept & Musterseiten Inhalt
Gestaltung von 44 Seiten Text, Fotos, Produktspezifika, 4c
Gestaltung des Katalog-Umschlags
zwei Präsentationen beim Auftraggeber
drei Korrekturläufe
Reisekosten, Spesen
Künstlersozialabgabe

Da alle Inhalte für den Katalog in diesem Fall vom Briefinggeber kommen, entfallen Kosten für die Fotorecherche und das Locationhunting. Für unsere Budgetplanung ist es wichtig, dass wir das Angebot der Agentur mit unserer Planung abstimmen. Das ist manchmal einfacher gesagt als getan, da es keinen Standard gibt, wie Agenturen die einzelnen Positionen ihrer Angebote definieren. Am Ende zählt zwar nur, was an Kosten unter dem Strich herauskommt, dennoch kann man die Agenturen bitten, sich bei ihrer Angebotserstellung an unseren Kostenarten zu orientieren. Denn nur so werden letztlich mehrere Agenturangebote untereinander vergleichbar.

3. Abwicklungskosten
drei interne Korrekturdurchläufe
Briefing, Abstimmung, Koordination zwischen Auftraggeber und Agentur
Datenaufbereitung durch die Agentur
Kurier zur Druckerei

Die beiden ersten Kostenarten berechnen sich in Arbeitsstunden intern im eigenen Unternehmen und extern beim Auftragnehmer. Die Posten Datenaufbereitung und Kurier sollten im Angebot der Agentur enthalten sein.

4. Produktionskosten
Druck
Verarbeitung (kaschierter Umschlag)
Bindung (Klebebindung)
Transportkosten Druckerei – Lager

Damit haben wir für unser Projekt alle relevanten Kosten erfasst und im Blick. Abweichungen oder unvorhergesehene Kosten lassen sich leicht ausmachen und frühzeitig hinzufügen.

Angebote einholen

Im nächsten Schritt geben wir Butter bei die Fische und ergänzen unsere Kostenarten mit dem passenden Zahlenwerk, indem wir ein oder mehrere Angebote von Agenturen und Druckereien einholen. Besonders wenn uns nicht bereits vergleichbare Preise bekannt sind, empfehlen sich zumindest zwei Vergleichsangebote von unterschiedlichen Anbietern – sowohl für den Druck als auch für die Kreativleistungen. Manchmal wundert man sich doch sehr, wie unterschiedlich Preise für gleiche Leistungen ausfallen können ...

Einsparpotenziale finden

Was tun wir jedoch, wenn die Kosten trotz allem in Summe höher ausfallen, als wir zu investieren bereit sind? Welche Einsparpotenziale können wir ausschöpfen, ohne unseren Qualitätsanspruch gleich an den Nagel hängen zu müssen? Die folgende Tabelle gibt Hinweise auf mögliche Kostentreiber und Kostensenker:

Kostentreiber	Kostensenker
Fotos von großen, klassischen Bildagenturen wie Getty Images oder Corbis sind relativ teuer.	Fotos von kleinen Agenturen oder Bilddatenbanken mit Credit-Paketen wie z. B. Fotolia oder Shutterstock sind eine preiswerte Alternative.

Fotorechte für hohe Auflagen, große Verbreitungsgebiete und prominente Platzierungen im Objekt kosten mehr.	Bemessen Sie Fotorechte bzgl. Auflage, Verbreitungsgebiet, Größe und Platzierung des Fotos nicht zu üppig.
Hochwertige Papiere und schwere Grammaturen sind nicht nur im Materialeinkauf teuer, sondern auch in der Weiterverarbeitung.	Standardpapiere, die die Druckerei auf Lager hat, sind nicht nur günstiger, sondern die Druckerei hat auch Erfahrung mit der Verarbeitung der Materialien.
Besondere Verarbeitungen bei Printprodukten wie Perforierungen, Lacke, gestanzte Elemente, Ausklappungen, Papierwechsel, 5- oder 6-farbige Drucke oder Sonderformate sind generell kostenintensiv.	Verzichten Sie auf extravagante Verarbeitungen und überlegen Sie, ob Sie bestimmte Effekte nicht auch durch kreative Lösungen erzielen können.
Hoher Zeitdruck erhöht die Kosten durch Nacht- oder Wochenendzuschläge und Kurierfahrten; zudem ist hoher Zeitdruck häufig ursächlich für Fehler, die wiederum Kosten verursachen.	Bei sorgfältiger Planung und einem guten Briefing kommt es nicht zu hohem Zeitdruck.

30 *Mit der Aufstellung eines Budgets haben Sie die Kosten eines Projektes im Blick und können besser planen. Wichtig ist, alle anfallenden Kostenarten zu erfassen und aufzulisten. Ein durchdachtes Budget berücksichtigt unnötige Kostentreiber. Mit etwas Kreativität, Know-how und einer guten Planung lassen sich Kosten reduzieren.*

3.3 Ein Gruß von C. Northcote Parkinson

Nach all der Fleißarbeit, die wir im Rahmen unseres Briefings auf die Zeitplanung und das Budget verwendet haben, ist nun dringend etwas Entspannung erforderlich, damit unser Hirn nicht rebelliert und den Spaß an tollen Briefings verliert.

Zu diesem Zweck lassen wir die Zahlen, Daten und Fakten hinter uns und unternehmen eine kleine Exkursion. Unser Ausflugsziel ist das Jahr 1955. Damals lebte ein gleichermaßen humorvoller wie geistreicher und reiselustiger englischer Geschichtsprofessor namens Cyril Northcote Parkinson (1909–1993). Er lehrte an zahlreichen Colleges und Universitäten, darunter so renommierte Institutionen wie die Harvard University, die University of California in Berkeley und die University of Malaya in Singapur, und verfasste über 60 Bücher und Schriften. Die meisten seiner Publikationen sind historische Betrachtungen der englischen Politik und Wirtschaft und auch sein berühmtestes Werk „Parkinson's Law" ist in diesem Kontext entstanden und zu verstehen.

Die Parkinson'schen Gesetze

Berühmtheit erlangte diese Sammlung von Gesetzen, die Parkinson erstmals 1955 in Form eines kurzen Artikels im *The Economist* veröffentlichte, da sie offenbar grundlegende Einsichten enthält, die bis heute weltweit Geltung haben und lehrreich sind. Zudem sind sie hochgradig amüsant! Parkinson entlarvt darin nämlich augenzwinkernd einige Merkwürdigkeiten von uns Menschen, mit denen wir uns nicht gerade mit Ruhm bekleckern. Und weil dies so ist, schauen wir an dieser Stelle lieber nicht so genau hin, noch besser: ganz weg! Dabei könnten wir viel gewinnen, wenn wir etwas mehr Mumm in den Knochen hätten, nämlich – und hier horchen wir als clevere Briefinggeber und -nehmer bitte auf – Zeit und Geld. Das klingt nach einer Zauberformel? Unbedingt! Lassen Sie uns die Tricks dahinter genauer anschauen.

Parkinsons Gesetz
Arbeit dehnt sich genau so lange aus, wie Zeit zu ihrer Erfüllung zur Verfügung steht.

Beispiele, die dieses Gesetz bestätigen, kennen wir alle. Meine Freundin, die in der luxuriösen Situation ist, Hausfrau und Lebenskünstlerin zu sein, kann gut und gerne eine Woche darauf verwenden, ihren Koffer für eine einwöchige Urlaubsreise zu packen. Andere Ladys aus meinem Bekanntenkreis mit einem Vollzeitjob verwenden für die gleiche Aufgabe dreißig Minuten. Wenn auf der Aufgabenliste eines Mitarbeiters das Einholen von drei Angeboten steht, kann er dafür einen Tag oder eine Stunde benötigen – je nachdem, wie wir ihn führen und instruieren.

Wir verhalten uns demnach nicht nach Effizienzkriterien, sondern füllen die Zeit und meinen, unseren Aufgaben mehr Bedeutsamkeit zu geben, je länger wir uns damit beschäftigen. In öffentlich-rechtlichen Verwaltungsorganen kann man das zum Beispiel beim Stempeln von Unterlagen toll beobachten. Da wird der Vorgang „Stempel greifen – Stempelkissen – Papier“ wie ein vollendetes japanisches Teeritual zelebriert. Wahrscheinlich wäre mancher Beamter nicht mal abgeneigt, wenn auch sein kunstvoll gestempeltes Papier wie die japanische Teeschale mit einer Verbeugung in Empfang genommen würde ...

Auch zum Thema Budget hat Parkinson eine nette Regel aufgestellt:

Die Parkinson'sche Proportionalregel
Bei Budgetdebatten ist die für die Diskussion eines Ausgabenpostens aufgebrachte Zeit umgekehrt proportional zu dessen Höhe.

Wir diskutieren also lieber über Peanuts als über wichtige Dinge. Dieser Fakt lässt sich in vielen beruflichen Besprechungen und auch im privaten Bereich beobachten. Wahrscheinlich ist es nur allzu menschlich, dass wir wichtige Entscheidungen weniger gern mögen als unwichtige, schlichtweg weil sie anstrengender sind, uns mehr fordern und eine größere Tragweite haben.

Da aller guten Dinge drei sind, sei eine weitere wichtige Erkenntnis des Herrn Professors genannt, die wir ebenfalls bei der Aufstellung unseres Budgets im Hinterkopf haben sollten:

Parkinsons Gesetz der Verschwendung
Ausgaben steigen stets bis an die Grenze des Einkommens.

Ähnliches wie beim Parkinson'schen Gesetz der Arbeitsdauer gilt demnach auch für die Ausgabenseite: Sobald ein Limit definiert ist, wird es auch gerne ausgeschöpft.

Die Erkenntnisse, die Parkinson uns mitgibt und die wir, wenn wir ehrlich sind, im Grunde ja aus eigener Erfahrung längst kennen, zeigen, dass Menschen sich nicht nach Effizienz- oder Vernunftkriterien richten, sondern höchst rationelle Wesen sind. Wenn es Wege gibt, Stress und viel Arbeit zu vermeiden und dennoch gut dabei auszusehen, dann tun wir dies. Wenn wir Gelegenheit haben, in Besprechungen durch die Inanspruchnahme von viel Redezeit unserem Ego zu schmeicheln, dann sagen wir nicht Nein, auch wenn dabei nicht viel Produktives herauskommt und unsere Kommunikationsfreudigkeit sich auf Nonsens oder Irrelevantes erstreckt. Und wenn uns Limits gesetzt werden, dann nutzen wir sie selbstverständlich auch aus. Wer fährt schon 40 km/h in geschlossenen Ortschaften, wenn doch 50 km/h erlaubt sind? Okay, die 92-jährige Omi nehmen wir davon jetzt einmal aus.

Special Tipps

Das Schöne an Parkinson bzw. seinen „Laws" ist, dass wir mit diesem Wissen in der Hinterhand Mechanismen zum Gegensteuern entwickeln können, die uns Geld, Zeit und eine höhere Effizienz schenken. Werfen wir also einen Blick in die Trickkiste:

1. Um die Zeitdauer einer Aufgabe realistisch abzuschätzen, sollten wir sie selbst zumindest einmal erledigt haben. Anschließend können wir sie mit einer realistischen Zeitvorgabe delegieren.
2. Um in einem Meeting den wirklich wichtigen TOPs (Tagesordnungspunkten) genügend Raum zu geben – zum Beispiel der Besprechung des Konzeptes unseres Katalogprojektes –, bereiten wir eine entsprechende Agenda vor und setzen die wichtigen Punkte nach oben, die unwichtigen nach unten. Wir können auch mit zeitlichen Limits arbeiten, vor allem bei den unwichtigen Themen.
3. Unsere Finanzen können wir schonen, indem wir zum Beispiel bei einem einzuholenden Angebot im ersten Schritt keinen finanziellen Rahmen vorgeben, sondern den potenziellen Geschäftspartner Vorschläge machen lassen. Wenn wir ihn gleichzeitig wissen lassen, dass wir uns nicht mit einem Angebot begnügen, sondern Vergleichsangebote einholen werden, wird er sein Angebot wettbewerbsorientiert ausrichten.
4. Da in der Projektarbeit zeitliche Spielräume nicht nur ausgereizt, sondern häufig überreizt werden, arbeiten wir grundsätzlich mit Puffern (vgl. Kap. 3.1) und bedenken dabei, dass ein Puffer nur dann als solcher wirkt, wenn ihn keiner kennt. Ein kommunizierter Puffer ist keiner!

5. Wenn wir als Führungskraft wollen, dass unsere Mitarbeiter ihre Arbeit effizient erledigen, Spaß daran haben und gute Ideen einbringen, erreichen wir dies am ehesten, indem wir uns selbst so verhalten. Die Vorbildfunktion von Führungskräften wird häufig unterschätzt.

Und damit schließen wir die Trickkiste wieder und verweisen auf die zahlreichen Bücher zu diesen Themen.

Projekte lassen sich zeitlich gesehen „von vorne" oder – bei einem fixen Endtermin – „von hinten" planen. Dazu führt man alle nötigen Arbeitsschritte auf und versieht sie mit einer Zeitdauer.

Für die Kalkulation Ihres Budgets verfahren Sie ähnlich, denn auch hier bietet nur die Auflistung aller Kostenarten eine verlässliche Basis für die Erstellung des Gesamtbudgets.

Den „Faktor Mensch" sollten Sie in Ihren Planungen berücksichtigen, indem Sie die menschlichen Neigungen zu irrationalen Verhaltensweisen mit ein paar Tricks aushebeln und als Führungskraft effektives Verhalten vorleben.

30 MINUTEN

Warum hat Small Talk in einem Briefing nichts verloren?

Seite 56

Wie kommuniziert man ästhetische Vorstellungen?

Seite 58

Wie können Sie sichergehen, verstanden worden zu sein?

Seite 64

4. Formale Aspekte

Verstand zeigt sich im klaren Wort.
(Euripides, Orestes)

Eine der zentralen Herausforderungen eines guten Briefings ist es, dem Briefingnehmer die eigenen visuellen Vorstellungen mit Worten zu beschreiben. Und dies ist nicht nur für ungeübte Laien schwierig, sondern auch Fachleute stoßen hierbei schnell an die Grenzen ihrer Eloquenz. Generell neigen wir dazu, anzunehmen, dass unsere Vorstellungen und unsere ästhetischen Vorlieben auch von anderen geteilt werden, wir schließen also gerne von unserer Meinung auf die Meinung anderer. Frei nach Arthur Schopenhauer meinen wir, die Welt sei so, wie wir sie sehen, und blenden dabei die Subjektivität unserer Vorstellungen aus. Für die Kommunikation ist diese Haltung fatal, denn sie berücksichtigt nicht, dass wir bemüht sein sollten, den anderen in seiner Subjektivität zu erreichen und ihm unsere Vorstellung zugänglich und verständlich zu machen.

4.1 Das schriftliche Briefing

Die probate Form von Briefings ist Schriftlichkeit. Wenn wir uns an die englische Bedeutung von „brief" erinnern, sollte es sich von selbst verstehen, dass wir in unserem Briefing keinen Roman schreiben und in epischer Breite unseren Gedanken freien Lauf lassen. Nein, wir sollten uns in erster Linie kurzfassen und dabei so präzise und klar wie möglich formulieren. Wenn wir nicht davon ausgehen können, dass unseren Briefingnehmern bracheninterne Fachtermini geläufig sind, sollten wir auf Fachsprache verzichten oder spezielle Begriffe kurz erläutern. Das Gleiche gilt für branchenspezifische Abkürzungen.

Wir schreiben also **nicht:**

Liebe Agentur Werbefix,
wie jedes Jahr, so wollen wir auch dieses Jahr wieder unseren schönen Katalog mit Ihnen produzieren. Kennen Sie ja schon, same procedure ... Übrigens haben wir für den letzten viel positives Feedback bekommen, nur die Fotos auf Seite 10 und 18 fanden unsere Kunden im LEX-Bereich nicht so passend ... bla, bla, bla.

Solche Small-Talk-Einstiege sind in der Regel gut und freundlich gemeint. Aber gut gemeint – das kennen wir – ist häufig das Gegenteil von gut gemacht. Die hier verwendete Sprache entlarvt die Unprofessionalität des Briefinggebers bereits ab dem ersten Satz und ist überdies unhöflich dem Leser gegenüber, denn ihm wird schlichtweg Zeit gestohlen. Außerdem macht man sein Anliegen mit solcherart Schreiben zu einem Ratespiel. Und ehe man sich versieht, steht man bei einem solchen Spiel alleine da ...

Regeln fürs schriftliche Briefing

Sprache ist eines der mächtigsten Werkzeuge, über die wir verfügen. Mit ihr transportieren wir nicht nur Informationen, sondern auch unsere Haltung und Erwartung. Mit einer klaren und präzisen Sprache drücken wir aus, dass wir von unserem Gegenüber eine präzise Arbeit erwarten. Mit einem schlecht formulierten und unstrukturierten Text drücken wir das Gegenteil aus.
Darauf sollten wir bei einem schriftlichen Briefing achten:

- klare, präzise Sprache
- kurze und vollständige Hauptsätze
- Fakten evtl. als Aufzählung formulieren
- Textlogik: vom Allgemeinen zum Besonderen
- Informationen verdichten und strukturieren
- dudenkonforme Rechtschreibung und Zeichensetzung
- kein Fachjargon, sondern allgemein verständlich formulieren
- notwendige Fachtermini erklären

Wenn wir uns an diese wenigen formalen Regeln halten, sind wir kommunikativ schon auf gutem Wege und beugen Missverständnissen vor. In Kapitel 5.2 werden wir auf das Thema Kommunikation noch einmal näher eingehen, da sie für Briefings grundlegend ist.

30 *Mit einer klaren und präzisen Sprache tragen Sie nicht nur dazu bei, dass Sie von Ihrem Kommunikationspartner verstanden werden, sondern Sie drücken damit auch aus, dass Sie von Ihrem Gegenüber eine präzise Arbeit erwarten.*

4.2 Das Beschreiben von visuellen Vorstellungen

Es nicht einfach, ästhetische und gestalterische Vorstellungen und Ideen in Sprache zu übersetzen, auch für Fachleute nicht. Was für den Briefinggeber „ein modernes Look-and-Feel" bedeutet, kann beim Briefingnehmer völlig andere Assoziationen wecken, was für den einen mausgrau, ist für den anderen vielleicht silbergrau.

Farbfächer

Glücklicherweise können wir uns beim Thema Farben mit professionellen Farbfächern behelfen, die eine objektive, also von der individuellen Farbwahrnehmung unabhängige Kommunikation von Farben erlauben. In der grafischen Industrie und im Druckgewerbe gibt es zwei Arten von Farbfächern, die jedem professionellen Grafiker vorliegen:

- der HKS-Farbfächer (88 Basisfarben, 3520 Volltonfarben) und
- der Pantone-Farbfächer (1755 Farben).

Beide Fächer gibt es in unterschiedlichen Ausführungen, je nach Papierart und Verarbeitung. Sollten in Ihren Printmedien Farben eine Rolle spielen, empfiehlt es sich, zumindest einen der Fächer vorliegen zu haben. So lassen sich Farbvorstellungen gut konkretisieren und kommunizieren.

Semantische Differenziale

Nicht ganz so standardisiert wie ein Farbfächer, aber dennoch hilfreich, um die Eigenschaften von Dingen zu beschreiben, sind semantische Differenziale. Hinter dem etwas komplizierten Begriff steckt eine Methode, um den Bedeutungen von beschreibenden Begriffen auf die Spur zu kommen. Wenn wir, um bei dem obigen Beispiel zu bleiben, unserem Gegenüber begreiflich machen wollen, was wir unter einem „modernen Look-and-Feel“ verstehen, können wir uns dem anhand von semantischen Differenzialen nähern. Dazu erstellen wir gegensätzliche Eigenschaftspaare, die wir auf einer Skala von eins bis sieben einander gegenüberstellen:

sachlich	❑	❑	☑	❑	❑	❑	❑	romantisch
dekorativ	❑	❑	❑	❑	❑	☑	❑	funktionell
digital	❑	☑	❑	❑	❑	❑	❑	analog
jung	❑	☑	❑	❑	❑	❑	❑	alt

einfach	☐	☐	☐	☐	☐	☑	☐	komplex
luxuriös	☐	☐	☐	☐	☐	☑	☐	schlicht
minimalistisch	☐	☐	☑	☐	☐	☐	☐	opulent
innovativ	☑	☐	☐	☐	☐	☐	☐	traditionell
rustikal	☐	☐	☐	☐	☐	☐	☑	elegant
ländlich	☐	☐	☐	☐	☐	☑	☐	urban

Jeder Grafiker oder Grafikdesigner wird uns für diese Eingrenzung mittels semantischer Differenziale dankbar sein. Mehr noch, wir teilen ihm damit unterschwellig mit, dass wir uns Mühe geben, unsere Vorstellungen so konkret wie möglich zu beschreiben, statt die Erwartung an ihn zu richten, er werde schon wissen, was wir unter einem „modernen Look-and-Feel" verstehen. Im Gegenzug wird er motiviert sein, sich mit seinen Ideen und Umsetzungen ebenfalls Mühe zu geben. Wir schaffen damit schon von Beginn der Zusammenarbeit an optimale Voraussetzungen. Und so soll das ja auch sein.

Muster mit Bedacht einsetzen

Da unsere Ideen ja auch nicht auf den Bäumen wachsen, sondern wir uns häufig inspirieren lassen, könnten wir dazu verleitet sein, sie einfach zu bemustern: *„Unser Katalog soll so ähnlich aussehen wie der von Wettbewerber X – nur noch schicker, besser, klarer, verkaufsorientierter ..."* Problematisch sind das „nur noch" und die Erwartung, dass unser Produkt im Endergebnis natürlich doch ganz anders aussehen soll. Wir wollen uns ja differenzieren und keinesfalls den Eindruck erwecken, wir würden beim Wettbewerber abkupfern. Sie sehen, so einfach ist die Sache mit der Bemusterung nicht. Sie birgt die Gefahr, dass man sich zu sehr am Vorhandenen orientiert, obgleich man ja etwas Neues schaffen will. In Detailfragen kann man gewiss auf Bestehendes Bezug nehmen, aber den Gesamtauftritt sollte man davon frei halten. Vielleicht ist es ein Einklinker oder Störer, der uns woanders gut gefallen hat und bestens in unser Konzept passt. Dann kann man den Briefingnehmer darauf hinweisen. Viel umfänglicher sollte eine Bemusterung jedoch nicht sein.

Selbst zeichnen? Besser nicht!

Ein weiterer „Liebling“ jedes Grafikers sind handgefertigte Skizzen oder Scribbles. Wenn wir damit grob den Seitenlauf einer Broschüre skizzieren wollen - okay. Wenn wir einen Seitenaufbau scribblen wollen – besser nicht. Zum einen weiß ein Grafiker sehr gut, wie man Seiten aufbaut, zum anderen ist eine Voraussetzung für aussagefähige und hilfreiche Skizzen, dass man skizzieren und zeichnen kann. Grafiker und Designer können das, Laien eher nicht. Und schlechte Skizzen führen leicht zu Missverständnissen. Mein Tipp ist daher: Lassen Sie lieber Ihren Grafiker zeichnen.

Farbfächer und semantische Differenziale können hilfreiche Tools sein, um gestalterische und ästhetische Vorstellungen zu kommunizieren. Muster und Scribbles sind nur in Ausnahmefällen geeignet. 30

4.3 Die richtigen Dateiformate

Dateien müssen vor allem eines sein: lesbar und verwendbar. Was nützen uns die tollsten Texte oder Bilder, wenn sie mit exotischen Programmen erstellt wurden und unsere Partner sie nicht öffnen, lesen, geschweige denn verarbeiten können? Wir tun also gut daran, mit Dateiformaten zu arbeiten, die keinerlei Probleme machen und systemneutral funktionieren – unabhängig davon, ob unser Gegenüber mit Microsoft- oder Apple-Betriebssystemen arbeitet.

Texte

Am Textverarbeitungsprogramm Word führt heutzutage kein Weg vorbei. Dass die mit den Endungen .doc oder .docx versehenen Word-Dateien gelesen und bearbeitet werden können, kann im professionellen Umfeld vorausgesetzt werden.

> **Tipp:** Word bietet zwar eine Vielzahl von Funktionen zur Textgestaltung, gehen Sie beim Erstellen von Inhalten, die später in Grafikprogrammen verarbeitet werden sollen, jedoch sparsam damit um, denn es ist eine mühselige Pfriemelei, alle diese Funktionen wieder zu entfernen.

Tabellen und Kalkulationen

Ähnlich wie Word ist das Tabellen- und Kalkulationsprogramm Microsoft Excel aufgebaut. Auch dies ist heute Standard. Die Dateiendung lautet .xls.

Fotos, Grafiken, Illustrationen

Für Fotos und Abbildungen bieten sich im Grunde nur zwei Formate an, die wir problemlos nutzen können: TIFF (*Tagged Image File Format*) und EPS (*Encapsulated PostScript*). Beide Formate liefern eine hohe Farbtiefe und Datendichte und eignen sich für hochwertige Druckerzeugnisse. Der Vorteil dieser Formate, also die Datendichte, ist gleichzeitig ihr Nachteil, da die hohen Datenvolumina sie unpraktisch für den E-Mail-Versand machen. Dank Cloud-Lösungen wie der Dropbox oder kostenlosen Transferdiensten wie WeTransfer ist jedoch auch der Versand großer Datenmengen heute kein Problem mehr. Insbesondere für Fotos beliebt ist das Komprimierungsformat JPG, das aus einem hochaufgelösten Foto von 50 MB ein gut händelbares Dokument von 1,5 MB macht. Der Nachteil von JPGs ist, dass durch jedes neue Abspeichern weitere Daten verloren gehen und man mit ihnen nur bedingt eine gute Druckqualität gewährleisten kann. Als Archivierungsformat ist JPG daher wunderbar, zur Weiterverarbeitung jedoch suboptimal.
Ähnlich verhält es sich mit Dateien, die in Präsentationsprogrammen wie PowerPoint oder Keynote erstellt wurden. Auch in diesen Programmen werden Fotos und Abbildungen so stark komprimiert, dass sie digital zwar wunderbar aussehen, aber für den Druck eine viel zu geringe Auflösung haben. Präsentationsfolien können bei Briefings prima als Anschauungsmaterial dienen, nicht jedoch als Datenlieferant.

30 *Am besten arbeiten Sie mit allgemein verbreiteten Programmen, wie zum Beispiel Word für Texte und Excel für Tabellen, und nutzen die Formate TIFF oder EPS für Bilder.*

4.4 Das mündliche Briefing und Rebriefing

Zum Thema schriftliches Briefing haben Sie in den vorangegangenen Kapiteln bereits viele Hinweise und Tipps erhalten und wissen, dass Schriftlichkeit der State of the Art für jedes Briefing ist. Doch auch wenn wir im schriftlichen Briefing alle relevanten Angaben machen und dabei präzise sind, haben wir dennoch keine Gewähr, dass unser Briefingnehmer uns so versteht, wie wir uns das wünschen. Diese Lücke schließt das sogenannte Rebriefing. Im Ingenieurwesen gibt es den Faktor „plus S“, einen Sicherheitsaufschlag, der zum Beispiel bei der Berechnung der Stabilität eines Werkstoffes hinzumultipliziert wird. Eine ähnliche Funktion haben das Rebriefing und das mündliche Briefing:

- Im mündlichen Briefing erklären wir mit unseren eigenen Worten die Aufgabenstellung und unsere Erwartungen.
- Beim Rebriefing bitten wir den Briefingnehmer, in seinen Worten zu wiederholen, wie er seine Aufgabe verstanden hat.

Mit einem Rebriefing schaffen wir die Gelegenheit, eventuelle Missverständnisse frühzeitig auszuräumen und unser Anliegen nötigenfalls zu präzisieren. Auf diese Weise erhalten wir also ein erstes Feedback unseres Auftragnehmers auf unser Briefing. Für dieses Gespräch sollten wir möglichst ein persönliches Meeting anberaumen und uns Zeit und Ruhe dafür nehmen.

Es geht um die Wurst!
Nicht nur Klarheit und Präzision bei der Aufgabenbeschreibung sind Voraussetzung für eine gelungene Ausführung des Jobs, sondern auch die vollständige Benennung aller Teilaufgaben gehört zu professionellen Briefings. Sagen wir also ade zur Salamitaktik, dem scheibchenweisen Informieren, und benennen wir die Aufgabe so umfassend wie irgend möglich.

Da Kommunikation immer subjektiv geprägt ist, bietet sie eine Fülle von Fallstricken. Um die kommunikative Hürde zu nehmen, gibt es ein paar Regeln und Tricks, die uns dabei helfen können, unser Briefing so klar wie möglich zu formulieren und Missverständnisse zu vermeiden: 30

- ***eine klare und präzise Sprache,***
- ***Hilfsmittel für das Beschreiben visueller Vorstellungen (Farbfächer, semantische Differenziale etc.),***
- ***gängige Dateiformate und***
- ***mündliches Briefen und Rebriefen.***

30 MINUTEN

Wer ist verantwortlich, wenn ein Briefing ausbleibt?

Seite 68

Wie entsteht ein kreativer Dialog im Briefingprozess?

Seite 72

Warum ist gute Kommunikation das A und O?

Seite 73

5. Kommunikation

Es gibt Tausende von Ausreden für Misserfolg, doch nie einen guten Grund dafür. (Mark Twain)

Briefings sind kein einsames Geschäft. Ganz im Gegenteil. In den meisten Fällen sind viele Leute an dem zu briefenden Projekt beteiligt, sowohl Mitarbeiter inhouse, die uns als Team unterstützen, als auch externe Partner wie Agenturen oder Grafiker. Die wichtigsten Personen im Briefingprozess sind der Projektleiter aufseiten des Briefinggebers und jener aufseiten des Briefingnehmers. Wenn die Kommunikation zwischen diesen beiden gut funktioniert, sie gar ein eingespieltes Team sind und schon häufiger zusammengearbeitet haben, profitiert man auf ganzer Linie davon: Der Prozess ist schnell, jeder weiß, was er zu tun hat, und man kann sich ganz auf die Sache und auf ein optimales Ergebnis konzentrieren. Wenn die Kommunikation zwischen Briefinggeber und Briefingnehmer dagegen suboptimal ist, stockt es im Workflow und man verbringt viel Zeit damit, Missverständnisse aus dem Weg zu räumen. Briefing ist Kommunikation. Und Kommunikation passiert nicht von allein. Man muss sie wollen und einfordern.

5.1 Kein Job ohne Briefing und Rebriefing

„Herr Schmidt, wir brauchen für Weihnachten ein Give-away für unsere Kunden. Rufen Sie mal unsere Agentur an, die sollen sich was überlegen." „Geht klar, Chef", sagt Herr Schmidt, *„kein Ding."* Und während sich Herr Schmidt ans Telefon hängt, ruft ihm der Chef noch hinterher: *„Nicht zu teuer natürlich!" „Logo, Chef, wir sparen, wo wir können"*, ruft Herr Schmidt zurück und gibt den Auftrag genauso weiter, wie er ihn erhalten hat: *„Give-away für Kunden zu Weihnachten, nicht zu teuer."*

Sollte die Agentur diesen Auftrag von Herrn Schmidt nun auch noch annehmen, ist eigentlich alles schiefgelaufen, was schieflaufen kann. Es fehlen Zeit- und Budgetangaben, die Zielgruppe ist ebenso wenig definiert (alle Kunden, nur die besten Kunden?) wie das Ziel der Aktion, eventuelle Vorgaben zum Look-and-Feel und hinsichtlich des Versands fehlen, und natürlich ist auch nicht von Gestaltungsspielräumen der Agentur die Rede. Kurz: Schlimmer geht nimmer.

Wie das Projekt weitergeht, wollen wir uns lieber nicht im Einzelnen ausmalen. Mit Sicherheit wird die Aktion jedoch eines nicht: nicht teuer. Das kleine Projektchen wird viele Abstimmungsdurchläufe passieren, die viel Zeit verschlingen, und ohne definierte Zielsetzung ist es sehr fraglich, ob die Wirkung des Geschenks beim Kunden nicht sogar nach hinten losgeht. Wer legt schon

Wert darauf, zu Weihnachten „irgendein“ Give-away von einem Unternehmen zu bekommen, auch wenn die Intention dahinter sicher gut gemeint war? Gut gemeint ist eben häufig das Gegenteil von gut und reicht im Businesskontext einfach nicht aus.

Wenn wir in einer Situation wie der von Herrn Schmidt sind und es nicht nur gut meinen, sondern gut machen wollen, werden wir uns mit solch vagen Informationen nicht abspeisen lassen, sondern so lange nachfragen, bis wir alle Infos beisammenhaben. Anschließend werden wir alles zu einem schriftlichen Briefing zusammentragen und den Auftrag für die Agentur klar und präzise formulieren. Sobald die Agentur sich ein Bild von dem Auftrag gemacht hat, wird man sich zu einem Rebriefing-Termin verabreden, um offene Fragen zu klären und Feedback zu geben.

Klingt anstrengend? Ein lapidarer Telefonanruf würde uns besser ins Konzept passen? Und ohnehin, wenn der Chef nicht sagt, was er will, und nicht briefen kann, müssen wir das schließlich nicht ausbaden, oder? Selbst schuld! Das denkt eventuell auch der Gesprächspartner in der Agentur: *„Wenn der Kunde nicht sagt, was er will, denken wir uns halt was Lustiges aus. Mir doch Wurst!“*

Wie weit kommen wir mit einer solchen Haltung? Wohin führt Wurschtigkeit, sei es aufseiten des Briefinggebers oder Briefingnehmers? Sie führt dahin, dass anderen die Schuld gegeben wird, wenn etwas nicht so klappt wie gewünscht, und dass niemand sich verantwortlich fühlt. Konflikte und Stress sind vorprogrammiert und aller Erfahrung nach wird irgendwann das Kommunikationspensum, das man sich anfangs gespart hat, für die Streitschlichtung aufgewendet werden müssen.

Begin with the end in mind

Es geht auch intelligenter und effektiver. „Begin with the end in mind“ (schon am Anfang das Ende im Sinn haben) lautet eine der sieben Erfolgsregeln, die Stephen R. Covey berühmt gemacht haben. Sie bedeutet, dass wir beim Start bedenken sollten, wo wir hinwollen. Wollen wir einen guten Job machen, ein gutes Ergebnis erreichen, oder wollen wir die Sache nur schnell vom Tisch haben und „abfackeln“? Das Verhalten von Herrn Schmidt und seinem Chef spricht eine deutliche Sprache, beide haben sich offensichtlich für letztgenannte Option entschieden. Und das kommunizieren sie auch. Der Chef gegenüber seinem Mitarbeiter Schmidt und Herr Schmidt gegenüber dem Ansprechpartner auf Agenturseite. Das Tückische daran ist jedoch, dass wir alle zwischen den Zeilen lesen und aus dem Wie ein Warum ableiten und interpretieren können. Die Botschaft, die die Akteure im Beispiel implizit vermitteln, lautet: *„Ein gutes Ergebnis ist uns nicht so wichtig, wir legen auch keinen Wert auf Professionalität, und was unsere Kunden im Endeffekt von uns denken, ist uns auch egal. Macht einfach mal, Hauptsache, wir stehen Weihnachten nicht mit leeren Händen da.“*

Wenn wir das Ende am Anfang im Sinn haben, werden wir uns grundlegend anders verhalten. Selbst wenn der Chef uns eine Aufgabe lapidar und unzureichend überträgt, werden wir so lange nachfragen, bis wir alle nötigen Informationen und Angaben für die Aufgabe zur Verfügung haben.
Das Gleiche gilt für die Agentur. Es ist schlichtweg fahrlässig und unprofessionell, einen Job anzunehmen ohne ausreichende Informationen, ohne Briefing und Rebriefing und ohne vollständige Materialien. Mag sich unser Gegenüber auch noch so unprofessionell verhalten, ist das für uns kein Grund, es ihm gleichzutun. Führung im weitesten Sinne ist eine Frage der Wahl, nicht der Position. Stehlen wir uns also nicht aus der Verantwortung, sondern fordern wir ein Rebriefing ein, bevor wir als Agentur beginnen, einen Auftrag umzusetzen. Nur so haben wir Gewissheit, dass alles richtig verstanden wurde und man in der gleichen Spur fährt.
Wenn jeder der Beteiligten sich verantwortlich fühlt und wir darauf verzichten, Verantwortung abzugeben, von uns zu schieben und Schuldige zu suchen, sind die Chancen, zu einem guten Ergebnis zu kommen und auf dem Weg dahin viel Spaß zu haben, sehr viel höher.
Am Start erkennt man den Gewinner, heißt es. Da ist viel Wahres dran. Zwar können trotz eines guten Startes immer noch viele Dinge schiefgehen und suboptimal laufen, doch wer möchte schon gleich zu Beginn alles vermasseln? Machen wir es also gleich vom Start weg richtig und stellen die Weichen durch ein klares

Briefing und ein mündliches Rebriefing auf Go. Wir sparen damit Zeit und Geld, schonen unsere Nerven und sorgen für einen höheren Spaßfaktor.

Gute Briefings sind ein Dialog

Durch ein gutes Briefing und Rebriefing entsteht ein Dialog zwischen den briefinggebenden und -nehmenden Partnern. Im Rebriefinggespräch kann der Briefingnehmer nicht nur prüfen, ob er alles richtig verstanden hat. Es bietet auch die Gelegenheit, Dinge zu hinterfragen und eigene Ideen einzubringen und zu äußern. Vielleicht ist das Give-away zu Weihnachten gar nicht das probate Instrument für die Kundenstrategie des Unternehmens? Man einigt sich darauf, den Kunden lieber zum Erntedankfest eine Aufmerksamkeit zu schicken, weil es origineller ist. So kann aus der Kommunikation rund um das Briefing durchaus Neues entstehen, das auf den ursprünglichen Ideen aufbaut, aber besser, vielleicht sogar – wir erinnern uns an die mahnenden Worte des Chefs – kostengünstiger ist. „Eins plus eins ist zwei – außer wenn Synergie ins Spiel kommt", schreibt Stephen R. Covey in der „3. Alternative".

Solche alternativen Ideen wird ein Kreativer jedoch nur dann vorbringen, wenn die Kommunikation stimmt, also prinzipiell Türen aufmacht, nicht zuschlägt. Welche Ingredienzien eine wirklich fruchtbare Kommunikation ausmachen, zeigt das folgende Kapitel.

Der Verzicht auf ein klares Briefing und Rebriefing kostet Geld, Zeit und führt nicht selten zu Konflikten. Besser, Sie haben schon zu Beginn das Ende im Sinn, übernehmen Verantwortung und lauern nicht darauf, Schuld zuzuweisen, wenn etwas schiefläuft. 30

5.2 Wie Kommunikation gelingt

Zugegeben: Kreative können anstrengend sein. Oftmals paart sich in ihnen die Fähigkeit, tolle Ideen aus dem Nichts zu zaubern, mit einem leichten Hang zu Chaos, hoher Eigenwilligkeit und einer lustigen Sprache. Sie sagen Sätze wie: *„können wir im rahmen unserer launchstrategie zur leadgenerierung eine freemium-strategie versuchen, bei der wir ein paar precopies raushauen? wenn ja, bitte das pic 10 highres schicken, damit es für die rz fittet."* Müssen wir mit so etwas leben? Ja. Müssen wir es verstehen? Jein.

Kreative haben spezielles Know-how hinsichtlich der Umsetzung von gestalterischen Aufgaben, das ist ihr Job. Wir müssen nicht alle Fachtermini, die sie benutzen, kennen – zur Not können wir sie ja fragen. Aber sich im Groben mit kreativen Prozessen, der Erstellung von grafischen Produkten und der Herstellung von Druckerzeugnissen auszukennen, schadet sicher nicht. Schon durch den Besuch einer Druckerei oder eines grafischen Betriebes können wir viel lernen und anschließend sehr

viel besser nachvollziehen, worauf es bei der Herstellung von gedruckten oder digitalen Produkten ankommt.
Blöd ist es, wenn wir gar keine Ahnung haben. Beispiel: Völlig überzogene Vorstellungen von Retusche kommen häufiger vor, als man denkt. Viele Laien meinen, man könne aus einem langweiligen Studioporträt ein zeitgemäßes und spannendes Foto zaubern. Nope! Zwar kann man bei der Bearbeitung von Fotos schon viel machen, doch zum einen ist Retusche zeitaufwendig, zum anderen kann sie nur so viel erreichen, wie es das Ausgangsmaterial zulässt.
Wenn wir mit unseren kreativen Partnern auf Augenhöhe kommunizieren wollen, sind wir gut beraten, ihr Business zumindest in den Grundzügen zu verstehen. Womit wir bei unserer ersten Ingredienz für gute Kommunikation wären.

Verstehen

Der Sache nach ist der Erfolg von Kommunikation höchst unwahrscheinlich (Luhmann, 1981). Das hängt mit der Subjektivität von uns Individuen und der Komplexität unserer Umwelt zusammen. Die gute Nachricht ist, dass wir in unserer Alltagskommunikation die Unwahrscheinlichkeit erfolgreicher Kommunikation in Wahrscheinlichkeit transformieren, indem wir Komplexität reduzieren. Klingt kompliziert? Ja. Kommunikation ist kompliziert, und es ist wenig zielführend, sie zu sehr vereinfachend zu erklären (gleichwohl dies allenthalben gemacht wird).

Wie also reduzieren wir Komplexität in der Kommunikation? Im Alltag passiert das automatisch, indem Kommunikation immer in einem bestimmten Kontext stattfindet. Wenn unser kreativer Beispielgeber von vorhin also Begriffe wie „Launchstrategie“ und „highres Pic“ verwendet, müssen wir diese Fachtermini zwar nicht verstehen, wissen aber durch den Kontext, dass sie etwas mit Werbung zu tun haben und nicht etwa mit Essen. In unsere Kommunikation fließen also viele Vorinformationen ein, ohne dass sie explizit geäußert werden müssen, und das macht das Gelingen der Kommunikation zumindest wahrscheinlicher.

Weiterhin tragen Gemeinsamkeiten der Kommunikationspartner zur Verringerung von Komplexität bei. Wenn mein Gesprächspartner wie ich Deutsch spricht und nicht Suaheli, erleichtert das in jedem Fall unsere Kommunikation. Wenn er Hip-Hop-Musiker aus Daressalam ist und ich Schweinezüchter aus Vechta, nimmt die Komplexität zu Ungunsten einer gelingenden Kommunikation wieder zu.

Und was helfen uns solch akademische Betrachtungen über Kommunikation? Zum einen ist es hilfreich, Kommunikation nicht nur als eine Angelegenheit von Senden und Empfangen oder Sach- und Beziehungsebene zu verstehen, sondern als einen dreiteiligen Prozess aus Information, Mitteilungsverhalten und Verstehen (Luhmann, 1984), wobei es uns hier in erster Linie um das Verstehen geht. Zum anderen besteht die Chance, dass, wenn wir uns der grundsätzlichen Kompliziert-

heit von Kommunikation bewusst sind, wir uns mehr anstrengen, gut zu kommunizieren.
Verstehen ist substanziell für Kommunikation. Ohne Verstehen kommt keine Kommunikation zustande. Das bedeutet nicht, dass, sobald Verständnis im Spiel ist, es keine Missverständnisse mehr gibt oder man das Gesagte nicht ablehnen kann. Wir können Verstehen auch vortäuschen, ebenso wie wir das Vortäuschen von Verstehen durchschauen können. Aber wir können unsere Kommunikation auch so gestalten, dass wir erwarten können, verstanden zu werden. Wir können, ja müssen uns darum bemühen, wenn wir wollen, dass Kommunikation gelingt.
Für die Aufgaben Briefing und Rebriefing ist Verstehen essenziell, und zum Verstehen gehört das Zuhören. Beides sind, wie das so schön heißt, notwendige, aber nicht hinreichende Bedingungen für Kommunikation. Nicht hinreichend schon deshalb nicht, weil wir alle Menschen kennen, die nicht zuhören, um zu verstehen, sondern um zu antworten. Menschen also, die Meinungsriesen und Verständniszwerge sind.
Mit seinem 5. Weg gibt Stephen R. Covey uns eine Maxime an die Hand, die für ein Gelingen von Kommunikation ein sehr gutes Schmiermittel ist: Erst verstehen, dann verstanden werden (Covey, 2015). So wie ein Handwerker erst die Wand inspiziert und dann entscheidet, welchen Dübel er wählt. Klingt selbstverständlich? Ist es auch – für den Handwerker. Nicht unbedingt für unser Kommunikationsverhalten. Wenn es

uns jedoch gelingt, unsere Kommunikation auf diesem Prinzip aufzubauen, sind wir der Unwahrscheinlichkeit ihres Gelingens einmal mehr von der Schippe gesprungen.

Kommunizieren auf Augenhöhe

In dem Begriff „Briefingnehmer“ schwingt eine passive Haltung im Sinne von „der Briefinggeber gibt“, „der Briefingnehmer nimmt“ mit. Hinzu kommt, dass der Briefinggeber häufig die Position des Auftraggebers und Kunden, der Briefingnehmer die des Dienstleisters innehat. Und letztlich ist nichts wichtiger als der Kunde, denn der Kunde ist König. Damit würde sich der Briefinggeber in einer komfortablen Situation befinden, oder? Wenn sein Briefing nicht ganz so schön formuliert oder lückenhaft ist, was soll's? Der Dienstleister kann es ausbaden.

Was fällt uns bei einer solchen Betrachtungsweise auf? Uns fällt auf: Es gibt ein Oben und ein Unten. Zwischen beiden Personen gibt es ein Machtgefälle. Wenn wir uns als Briefinggeber oder -nehmer in einer solchen Konstellation verorten, sollten wir ganz schnell Reißaus nehmen. Nicht vor unserem Gesprächspartner, sondern aus der Position. Wir sollten mit unserem Briefingpartner auf Augenhöhe kommunizieren, als gleichwertige Partner. So kommen wir zu weit besseren Ergebnissen – und mehr Spaß macht es beiden Seiten auch. Synergie, neue Ideen, konstruktive Diskussionen um der Sache willen – all dies funktioniert sehr viel leichter, wenn wir uns dabei in die Augen schauen können und nicht einer oben, der andere unten steht. Subtile Machtspielchen sind zu verlockend, wenn es ein gefühltes hierarchisches Gefälle gibt, und sie führen zu nichts. Viel schöner ist es, wenn man sich gegenseitig als Sparringspartner begreift und gemeinsam an einem Strang zieht. Spätestens wenn man das gemeinsame Ergebnis in größerer Runde präsentiert, ist es gut, wenn Briefingnehmer und -geber ein Team sind und gemeinsam als Experten für ihr Ergebnis einstehen.

Fachwissen

Apropos Experten: Allzu gerne werden grafische Ergebnisse einem sogenannten „Hausfrauentest" unterzogen und dabei allen möglichen Bekannten zur Beurteilung vorgelegt. Der Entwurf mit den meisten Stimmen gilt dann als der beste und die Feedbacks der konsultierten Meinungsgeber im Hintergrund lauten etwa:

- *„Nicht Gelb. Gelb ist Neid und schaut außerdem so nach Post aus."*
- *„Grau geht gar nicht. Wir wollen doch kein graues Mäuschen sein."*
- *„Gefällt mir nicht. Die Schrift sieht irgendwie komisch aus."*
- *„Kann man das Ganze nicht etwas peppiger machen?"*

Bei der Beurteilung eines Kataloges, einer Website, eines Flyers, einer Verpackung, eines Claims, Logos etc.

geht es jedoch nicht um Geschmack oder Gefallen. Es geht darum, ob das gestaltete Instrument seinen Zweck erfüllt und in der Zielgruppe funktioniert. Externe kennen in der Regel weder den Zweck noch die Zielgruppe und hebeln mit ihren Geschmacksurteilen die funktionale Kritik von Profis aus. Ich persönlich zum Beispiel finde die Umverpackung des Brandt-Zwiebacks richtig blöd. Dieser anachronistische Blondschopf, das grässliche Orange – schauerlich. Gott sei Dank hat mich niemand nach meiner Meinung gefragt, denn offenbar funktioniert diese Umverpackung wunderbar, und damit haben die Profis einen guten Job gemacht. Und außerdem gehöre ich gar nicht zur Zielgruppe, ich mag nämlich keinen Zwieback.

Tipp: Lassen Sie sich besser nicht auf Geschmacksdiskussionen ein und verzichten Sie darauf, Drittmeinungen von Laien einzuholen. Verlassen Sie sich lieber auf die Expertenmeinungen in Ihrem Team.

Kürze

Dass Kürze in der Briefing-Kommunikation elementar ist, daran erinnert uns schon der englische Begriff „brief". Kürze zwingt dazu, sich auf das Wesentliche zu konzentrieren und Unwesentliches wegzulassen. Damit reduziert sich der Raum für Missverständnisse, der häufig dadurch entsteht, dass wir vor unserer Kommunikation noch nicht genug nachgedacht haben und deswegen zu schwammigen Ausdrucksweisen neigen. Wie

Karl R. Popper (2009) es so apodiktisch formuliert hat: „Wer's nicht einfach und klar sagen kann, der soll schweigen und weiterarbeiten, bis er's klar sagen kann."

Immer wenn es in der Kommunikation wirklich wichtig wird, ist Kürze das Mittel der Wahl. Kürze geht nicht nur mit Klarheit einher, sondern strahlt auch Verbindlichkeit und Autorität aus. Das, was wir in kurzen Formulierungen vorbringen, hat Gewicht und Bedeutung. Nicht ohne Grund reicht bei der Eheschließung ein kurzes „Ja, ich will" und hält mitunter das ganze restliche Leben. Auch Kinder sind wahre Meister der Kürze. Da wird nicht lange herumfabuliert, da heißt es: „Mama, ich will ein Erdbeereis." „Möchte" und „bitte" waren da einfach über.

Schriftlichkeit

Für Briefings empfiehlt sich, wie oben ausgeführt, Schriftlichkeit, für Rebriefings kann es auch die mündliche Variante sein. Der große Vorteil von Schriftlichkeit ist, dass das geschriebene Wort nach Klarheit verlangt und verbindlicher ist als ein mündlicher Austausch. Wir können nachlesen, was formuliert wurde, und es anderen zur Kenntnis bringen. Und wir können leichter um Nachbesserung bitten, wenn etwas unklar geblieben ist, zum Beispiel wenn wir auf verschwurbelte Sätze treffen oder den beliebten Höflichkeitskonjunktiv wörtlich nehmen: „Könnten Sie vielleicht nach geeigneten Fotos für den Prospekt suchen?" Ja, könnte ich ...

Schriftlichkeit entlarvt unsere Formulierungssünden und mahnt zu Präzision, Verbindlichkeit und einer schlüssigen Argumentation. Sie mahnt. Ein Garant für eine gute Kommunikation ist sie freilich nicht. Wenn Wissen, Wollen und/oder Können fehlen, ist Kommunikation ein hoffnungsloser Akt.

Vertrauen

Wenn man einen Booster für Kommunikation und Zusammenarbeit benennen wollte, dann wäre es Vertrauen. Vertrauen bringt enormen Schub in die Kommunikation, weil wir uns in einer vertrauensvollen Beziehung auch dann verstehen, wenn wir uns einmal nicht so klar ausdrücken. Wir haben oben gesehen, dass dies schnell passieren kann und Kommunikation per se kompliziert ist. In einer Kommunikation, die auf Vertrauen aufgebaut ist, gewinnen wir Schnelligkeit und senken die Kosten, insofern ist Vertrauen nicht nur ein weicher, sondern durchaus ein ökonomischer Faktor (Covey, 2014).

Wie wichtig Vertrauen ist, spüren wir dann am deutlichsten, wenn es fehlt: wenn wir uns in einer Situation befinden, in der Misstrauen wie eine dunkle Wolke über allem liegt. Wenn wir in einem Meeting sitzen, das geprägt ist von Fehlinterpretationen, taktischen Winkelzügen, Vorwürfen und Frust. Wenn Vertrauen fehlt, wird Kommunikation zäh, jedes Wort wird auf die Goldwaage gelegt, Klarheit und Offenheit haben sich verabschiedet. Ein schönes Bild für die Wirkung von

Vertrauen hat Stephen M. R. Covey, der älteste Sohn von Bestsellerautor Stephen R. Covey, geprägt: Für mangelndes Vertrauen zahlen wir eine hohe „Vertrauenssteuer“, für großes Vertrauen erhalten wir eine „Vertrauensdividende“.
Wenn es in unserer Briefing-Kommunikation nicht so gut läuft, sollten wir nicht nur schauen, ob wir im Briefingprozess einen Fehler gemacht haben. Wir sollten auch kritisch hinterfragen, ob das Vertrauensverhältnis zu allen Beteiligten wirklich gut ist. Seneca schrieb dazu: „Mangelndes Vertrauen ist nicht das Ergebnis von Schwierigkeiten, Schwierigkeiten haben ihren Ursprung in mangelndem Vertrauen.“ Wenn wir mit unserem Projekt erfolgreich sein wollen, wenn wir mit allen Beteiligten gut kommunizieren wollen, wenn wir schnell sein und kostengünstig arbeiten wollen und, last, but not least, wenn wir bei alledem Spaß haben wollen, müssen wir uns stets so verhalten, dass andere uns ihr Vertrauen schenken können.

30 *Sie sind gut beraten, das Gelingen von Kommunikation nicht als Selbstverständlichkeit zu erachten, sondern sich darum zu bemühen. Wenn Sie darauf Wert legen, andere in einem vertrauensvollen Miteinander zu verstehen, auf Augenhöhe mit ihnen zu kommunizieren, sich kurz zu fassen und wichtige Dinge schriftlich zu transportieren, sind Sie auf einem guten Weg.*

5.3 Fehler gehören dazu – und lassen sich korrigieren

Fehler in jeglicher Form von Texten sind nicht das Problem, sie gehören vielmehr schlichtweg zum Schreiben dazu. Keine Fehler macht nur der, der die Hände in den Schoß legt und nicht schreibt. Problematisch an der Sache ist, dass die Existenz dieser kleinen Textquerulanten gerne ignoriert wird. Wenn wir dagegen um die Fähleranfälligkeit unserer Texte wissen, können wir gegensteuern und zum Beispiel jemanden bitten, Korrektur zu lesen. Das empfiehlt sich deswegen für alle Texte, die wir öffentlich machen wollen, weil ein Schreiber in der Regel auf die Inhalte seiner Texte konzentriert und gewissermaßen „betriebsblind" für Flüchtigkeitsfehler ist. Unser Gehirn schaltet bei selbst verfassten Texten in einen Effizienzmodus und weigert sich, unseren Text mit frischem Blick zu lesen und das fehlende Komma, das wir bei einem fremden Text auf Anhieb gefunden hätten, wahrzunehmen.

Aber wie gesagt, da können wir schnell Abhilfe schaffen, wenn wir unsere Texte, Broschüren, Anzeigen, Flyer vor dem Druck bzw. der Veröffentlichung in die Korrektur schicken. Geschulte Korrektoren, dessen seien Sie gewiss, finden immer Fehler. Und sie zu beauftragen ist umso empfehlenswerter, als die Kosten sich in Relation zu den Gesamtkosten sehr in Grenzen halten. Probieren Sie es bei Ihrem nächsten Text einfach aus. Gute Korrektoren finden Sie zum Beispiel im Netz über www.lektoren.de.

30 ***Wer ist verantwortlich, wenn es im Briefingprozess nicht läuft? Klare Antwort: alle Beteiligten. Wenn jeder der Beteiligten sich verantwortlich fühlt, sich sachlich und menschlich so verhält, wie er es auch von anderen erwartet, können Briefings zu einem kreativen Dialog werden. Beachten Sie dabei den wichtigen Part, den Kommunikation spielt, und halten Sie sich an einige Spielregeln, damit sie gelingt.***
Bei allen Druckwerken zeugt eine abschließende Korrektur von Professionalität, Qualität und Sorgfalt.

Briefing-Checkliste

Die folgende Checkliste ist für den Projektleiter aufseiten des Briefinggebers gedacht. Überprüfen Sie, ob Sie alle wichtigen Punkte vor und während des Briefings bedacht haben, und haken Sie die erledigten Punkte ab. Alternativ können Sie die Liste auch als Vorlage verwenden, um eine eigene Checkliste zu erstellen, die passgenau auf Ihr Projekt zugeschnitten ist.

Was Sie vor dem Briefing checken sollten:	**Check**
Sind intern alle Eckdaten des Projektes geklärt: Gegenstand des Projektes, Ziele, Termine, Budget?	
Stehen alle Dienstleister (Agentur, Druckerei) fest oder müssen Angebote eingeholt werden?	
Ist im Team geklärt, wer welche Funktion in dem Projekt hat? Wer ist verantwortlich für was, wer ist entscheidungsbefugt?	
Wer aus dem internen Team steuert welche Inhalte (Texte, Zahlen, Bildmaterial) bei?	
Liegt das nötige Bildmaterial als EPS, JPG oder TIFF in ausreichender Druckqualität vor?	
Liegen die nötigen Textinhalte in Word vor?	
Ist alles Zahlenmaterial in Excel vorhanden?	
Sind alle nötigen Arbeitsschritte inklusive Timeline und Verantwortlichkeiten erfasst?	
Wurde daran gedacht, Pufferzeiten bei der Terminierung der Arbeitsschritte einzuplanen?	
Wurde ein Budget erstellt und an alle Kosten gedacht?	
Berücksichtigt die Planung den „Faktor Mensch"?	
Gibt es eine vertrauensvolle Zusammenarbeit im Team und mit den Briefingpartnern?	

Was Sie während des Briefings checken sollten:	**Check**
Ist das schriftliche Briefing gut strukturiert?	
Ist der Kommunikationsstil kurz und präzise?	
Wurden Fachtermini vermieden oder erklärt?	
Ist der Gegenstand präzise beschrieben (was)?	
Sind alle Beteiligten und Ansprechpartner mit Kontaktdaten genannt (wer)?	
Wurden die Terminplanung und der Endtermin mit dem Briefingnehmer besprochen (wann)?	
Ist das Ziel der Maßnahme umrissen (welches Ziel)?	
Ist der Briefingnehmer ggf. über sensible Fixdaten in der Terminplanung (Markteinführung, Urlaube, Messen) informiert?	
Sind die Konsequenzen bekannt, die Terminüberschreitungen haben würden?	
Wurde das Budget mit dem Briefingnehmer abgestimmt? Wurden Kostentreiber sowie Einsparpotenziale besprochen?	
Sind die Konsequenzen bekannt, die eine Überschreitung des Budgets haben würde?	
Sind alle für das Projekt wichtigen Gestaltungsvorgaben angeführt (Corporate Design, Markenrechte, Hausschriften, Slogans)?	
Liegen alle zu verwendeten Logos und Fotos als TIFF- oder EPS-Datei (notfalls JPG) dem Briefing bei?	
Gibt es ggf. Gestaltungsmuster, die beigefügt werden sollen? Was ist daran positiv, was negativ?	
Enthält das Briefing alle notwendigen rechtlichen und markenrechtlichen Hinweise?	
Kennt der Briefingnehmer die Vorgaben hinsichtlich der Produzenten (z. B. Druckerei)?	
Beschreibt das Briefing die Zielgruppe und den idealtypischen Kunden?	
Enthält das Briefing alle relevanten Hintergrundinformationen zur strategischen Positionierung des eigenen Unternehmens im Markt?	

Gibt es farbliche Vorgaben und wurden sie mittels eines Farbfächers definiert?	
Gibt es ein gewünschtes Look-and-Feel, wurde es mit semantischen Differenzialen beschrieben?	
Kann ein Scribble das grobe Gestaltungsraster, z. B. den Seitenlauf, verdeutlichen?	
Gibt es einen Termin für das mündliche Rebriefing seitens des Briefingnehmers?	
Verhalte ich mich als Projektleiter jederzeit vorbildlich gegenüber dem Team und dem Briefingnehmer?	
Bemühe ich mich um eine Kommunikation auf Augenhöhe mit den Briefingpartnern?	
Bemühen sich alle Beteiligten darum, im ersten Schritt den Gesprächspartner zu verstehen, dann darum, verstanden zu werden?	
Ist bei der Beurteilung von Ergebnissen funktionale Kritik, nicht Geschmack entscheidend?	
Wer gibt die finalen Daten des Briefingnehmers frei?	
Wer erteilt die Druckfreigabe?	

Tipp: Es ist jedes Mal ein guter und befriedigender Moment, wenn das Projekt, an dem viele Menschen mitunter wochenlang gearbeitet haben, abgeschlossen und die Broschüre, der Katalog, der Flyer, oder worum auch immer es In Ihrem Briefing ging, als fertiges Produkt angeliefert wird. Lassen Sie diesen schönen Moment nicht einfach verstreichen. Bitten Sie alle Beteiligten – wenn möglich auch den externen Briefingpartner – zu einem Treffen und stoßen Sie auf die gelungene Zusammenarbeit an. Das stärkt den Zusammenhalt im Team und das gemeinsame Abschließen und Innehalten schaffen Raum für Neues.

Fast Reader

1. Sinn und Zweck von Briefings

Briefings sind ein Instrument, um eine kreative Aufgabe an einen Experten zu delegieren. In den meisten Fällen richten sie sich an eine Agentur oder einen grafischen Dienstleister. Aber auch unternehmensintern können Briefings genutzt werden, um Aufgaben zu kommunizieren.

30 ***Der Sinn und Zweck von Briefings ist es, eine Kommunikation zu gewährleisten, die zu einem optimalen Ergebnis führt und effektiv ist. Kennzeichnend für gute Briefings ist:***

- ***Sie sind kurz, klar und präzise formuliert.***
- ***Sie sind vollständig und enthalten alle wesentlichen Informationen.***
- ***Die Aufgabenverteilung zwischen Briefingnehmer und Briefinggeber ist klar definiert.***

2. Die Gestaltung eines guten Briefings

Schlechte Briefings kosten viel Geld und Zeit und führen zu Ärger bei allen Beteiligten. Um gute Briefings zu schreiben, sollte man die vier W-Fragen im Blick haben, denn sie helfen, die Zielsetzung des Briefings auf den Punkt zu bringen: Wer soll was bis wann mit welchem Ergebnis tun?

30

Für gute Briefings gelten folgende Gestaltungsregeln:

- ***Der Gegenstand des Auftrags sollte klar benannt sein.***
- ***Alle Beteiligten sollten zureichend informiert sein und namentlich im Briefing genannt werden.***
- ***Es sollte eine klare Timeline für den Job geben.***
- ***Das unternehmerische Ziel hinter der Aufgabe sollte für alle klar sein.***
- ***Vorgaben und rechtliche Punkte sollten kommuniziert werden.***
- ***Die Zielgruppe, an die sich der Gegenstand des Briefings richtet, sollte definiert sein.***
- ***Die strategischen Überlegungen, auf denen das Projekt basiert, sollten formuliert sein.***

3. Zeitplanung und Budget

Für die Zeitplanung gibt es grundsätzlich zwei Möglichkeiten: Entweder man plant von einem fixen Endtermin (von hinten) oder vom Beginn des Projektes (von vorne) aus. Es gilt die Formel: Projektdauer = Anzahl der Arbeitsschritte x Durchführungszeit.
Die Regel für die Budgetierung von Projekten lautet: Nur wer alle nötigen Arbeitsschritte und Kostenarten im Budget berücksichtigt, kann realistisch kalkulieren.

30 ***Folgendes ist bei der Zeit- und Budgetplanung wichtig:***

- ***Zunächst gilt es zu klären: Ist im Zweifel Effizienz wichtiger als Qualität oder umgekehrt?***
- ***Bei der Terminierung von Arbeitsschritten sollte insgeheim stets mit Pufferzeiten gerechnet werden.***
- ***Der „Faktor Mensch" sollte berücksichtigt werden. Es gilt, den Parkinson'schen Gesetzen entgegenzusteuern.***

4. Formale Aspekte

Form follows function – das gilt auch für gute Briefings. Für die Klarheit und Verbindlichkeit von

Briefings sorgt die schriftliche Form. Zur schriftlichen Kommunikation gehört, dass man sich einer klaren Sprache und einer guten Strukturierung bedient.

Die wichtigsten formalen Regeln sind:

- ***Briefings erfolgen schriftlich.***
- ***Beim Kommunizieren von ästhetischen und gestalterischen Ideen kommen professionelle Hilfsmittel wie Farbfächer oder semantische Differenziale zum Einsatz.***
- ***Für Texte, Bilder und Grafiken ist die Kompatibilität der jeweiligen Dateiformate zu beachten.***
- ***Zum Briefing gehört auch das mündliche Rebriefing durch den Briefingnehmer.***
- ***Die Vollständigkeit aller Informationen ist sicherzustellen.***

30

5. Kommunikation

Briefings sind kommunikative Akte. Da jeder Mensch seine eigene Wahrnehmung hat, sind kommunikative Missverständnisse keine Ausnahmen, sondern eher die Regel. Um sie zu vermeiden, ist es hilfreich, sich einige allgemeine kommunikative Regeln zu Herzen zu nehmen.

30

Gute Kommunikation im Briefing basiert auf:

- ***gegenseitigem Verstehen, das damit beginnt, dem Gesprächspartner wohlwollend zuzuhören,***
- ***Gesprächen, die auf Augenhöhe stattfinden,***
- ***dem fachlichen Austausch von Experten,***
- ***Kürze – insbesondere dann, wenn es wichtig wird, es Probleme gibt, die gelöst werden müssen, oder die Gesprächspartner sich für einen gemeinsamen Weg committen,***
- ***einer verbindlichen schriftlichen Form,***
- ***einem vertrauensvollen Miteinander.***

Die Autorin

Ute Flockenhaus hat Germanistik, Philosophie und Politikwissenschaft studiert. Sie ist seit 1987 in der Buchbranche tätig. Von 1992 bis März 2016 hat sie das Programm des GABAL Verlags verantwortet und den Verlag mit aufgebaut. Zu ihrem Job gehört es, Bücher, Marketinginstrumente, Werbetexte und Verlagskataloge zu produzieren, die jeweils zusammen mit internen und externen Teams entstehen und guter Briefings bedürfen. Die Produktion von mehr als tausend Büchern und unzähligen anderen Medien boten ihr reichlich Gelegenheit, ihr Briefing-Know-how kontinuierlich zu erweitern und immer wieder aufs Neue einem Realitätscheck und weiteren Optimierungen zu unterziehen. Heute unterstützt sie Autoren und Verlage rund um die Konzeption und Produktion von Büchern. Überdies ist sie Hochschuldozentin für Managementtrainer an der Steinbeis-Hochschule Berlin sowie Autorin.

Kontakt:
www.uteflockenhaus.de
mail@uteflockenhaus.de

Weiterführende Literatur

- Back, Louis; Beuttler, Stefan: Handbuch Briefing. Effiziente Kommunikation zwischen Auftraggeber und Dienstleister. 2. Aufl. Stuttgart: Schaeffer-Poeschel, 2006

- Borbonus, René: Klarheit. Der Schlüssel zur besseren Kommunikation. Berlin: Econ, 2015

- Covey, Stephen M. R.: Schnelligkeit durch Vertrauen. Die unterschätzte ökonomische Macht. 5. Aufl. Offenbach: GABAL Verlag, 2014

- Covey, Stephen R.: Die 3. Alternative. So lösen wir die schwierigsten Probleme des Lebens. 2. Aufl. Offenbach: GABAL Verlag, 2013

- Covey, Stephen R.: Die 7 Wege zur Effektivität. Prinzipien für persönlichen und beruflichen Erfolg. 35. Aufl. Offenbach: GABAL Verlag, 2015

- Gough, Leo: C. Northcote Parkinsons „Parkinsons Gesetz“. 52 brillante Ideen für Ihr Business. Offenbach: GABAL Verlag, 2012

- Kroeger, Steve: Die 7 SUMMITS Strategie. Mit Leichtigkeit persönliche Gipfel erreichen. Offenbach: GABAL Verlag, 2011

- Laufer, Hartmut: Sprint-Meetings statt Marathon-Sitzungen. Besprechungen effizient organisieren und leiten. Offenbach: GABAL Verlag, 2009

- Luhmann, Niklas: Die Unwahrscheinlichkeit der Kommunikation, in ders.: Soziologische Aufklärung. Bd. 3. Opladen: Westdeutscher Verlag, 1981

- Luhmann, Niklas: Soziale Systeme. Grundriß einer allgemeinen Theorie. Frankfurt: Suhrkamp, 1984

- Multerer, Dominic: Klartext. Sagen, was Sache ist. Machen, was weiterbringt. Offenbach: GABAL Verlag, 2015

- Parkinson, Cyril Northcote Parkinson: Parkinson's Law. In: The Economist vom 19. November 1955, http://www.economist.com/node/14116121

- Popper, Karl R.: Auf der Suche nach einer besseren Welt. 15. Aufl. München: Piper, 2009

- Seifert, Josef W.: Besprechungen erfolgreich moderieren. Kommunikationstechniken für Leiter und Teilnehmer. 15. Aufl. Offenbach: GABAL Verlag, 2015

Register